农作物生产技术
与节水节肥种植方法导论

张沙莎 胡荣 王正超 ◎著

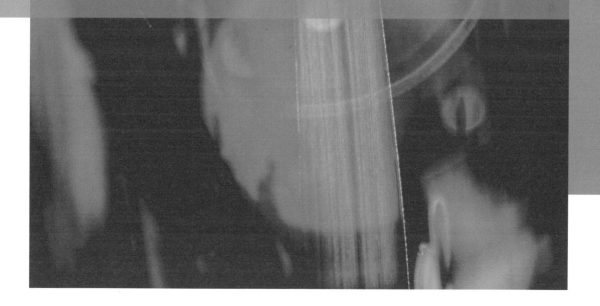

中国出版集团

中译出版社

图书在版编目 (CIP) 数据

农作物生产技术与节水节肥种植方法导论 / 张沙莎，
胡荣，王正超著. -- 北京：中译出版社，2023. 12

ISBN 978-7-5001-7701-2

Ⅰ. ①农… Ⅱ. ①张… ②胡… ③王… Ⅲ. ①作物-
栽培技术-研究②作物-肥水管理-研究 Ⅳ. ①S31②S365

中国国家版本馆 CIP 数据核字（2024）第 022081 号

农作物生产技术与节水节肥种植方法导论

NONGZUOWU SHENGCHAN JISHU YU JIESHUI JIEFEI ZHONGZHI FANGFA DAOLUN

著　　者：张沙莎　胡　荣　王正超
策划编辑：于　宇
责任编辑：于　宇
文字编辑：田玉肖
营销编辑：马　萱　钟筏童
出版发行：中译出版社
地　　址：北京市西城区新街口外大街 28 号 102 号楼 4 层
电　　话：（010）68002494（编辑部）
邮　　编：100088
电子邮箱：book@ctph.com.cn
网　　址：http://www.ctph.com.cn

印　　刷：北京四海锦诚印刷技术有限公司
经　　销：新华书店
规　　格：787 mm×1092 mm　1/16
印　　张：14.75
字　　数：293 千字
版　　次：2025 年 1 月第 1 版
印　　次：2025 年 1 月第 1 次印刷

ISBN 978-7-5001-7701-2　　　定价：68.00 元

前　言

农作物生产是农业生产系统的核心和基础。农作物产品为人类生存提供最基本、最必需的生活资料，同时还为畜牧业的发展提供饲料、为工业提供加工原料。了解农作物及农作物生产过程，研究农作物高产、优质、高效、低耗、环保的理论与技术体系，对提高农作物产品的数量和质量、提高种植效益、保护环境和实现农业持续发展至关重要。高效农作物生产对保障我国粮食安全、推动国民经济发展具有重要意义。

农作物生产过程是一个系统工程，涉及产前、产中、产后诸多环节及其相关理论与技术。在农作物生产过程中，农作物的生长发育及其产量和品质形成是核心，生态环境条件和生产经济条件是前提，农作物栽培管理措施是保障。农作物产量和品质是农作物品种遗传潜力和环境条件共同作用的结果。品种遗传潜力的发挥依赖于农作物生长发育的环境条件和相应的耕作栽培和管理技术。科学的发展和技术的进步则对农作物生产水平的提高具有重大促进作用。

本书是农作物生产方向的书籍，主要研究农作物生产技术与种植基础，从农作物概述入手，针对小麦生产技术、玉米生产技术、马铃薯与向日葵生产技术进行了分析研究；另外对蔬菜及其育苗做了一定的介绍；还对茄果类蔬菜生产技术、白菜类蔬菜生产技术、根菜类蔬菜生产技术以及绿叶菜类蔬菜生产技术做了阐述；最后对节水节肥灌溉技术简述做了介绍。本书具有内容丰富，针对性、实用性、操作性强等特点，为农业生产者提供了基本的知识和技能，供广大基层一线的技术人员在农作物技术推广工作中参考。

本书在写作过程中得到了许多同行专家的支持和帮助，由于作者水平所限，不当之处在所难免，希望专家和读者批评、指正。

作者

2023 年 10 月

目录

第一章　作物的基础知识

第一节　作物的生长生育

任何一种作物个体，总是有序地经历种子萌发出苗、营养生长、生殖生长、种子形成及植株衰亡等生长发育阶段，人们把作物个体从发生到死亡所经历的过程称为生命周期。

一、作物生长与发育的特点

（一）作物生长与发育的概念

生长：是指作物个体、器官、组织和细胞在体积、重量和数量上的增加，是一个不可逆的量变过程。

1. 分化

从一种同质的细胞类型转变成形态结构和功能与原来不相同的异质细胞类型的过程。

2. 发育

发育是指作物细胞、组织和器官的分化形成过程，也就是作物发生形态、结构和功能上质的变化。这种过程有时是可逆的。

3. 生长、分化和发育的相互关系

生长、分化和发育之间关系密切。一方面，发育包含了生长与分化；另一方面，生长和分化又受发育的制约。

在生产上，作物生长、分化与发育的关系大致分为四个类型：协调型、徒长型、早衰型、僵苗型。

（二）作物生长的一般进程

1. "S" 形生长过程

在生长速度（相对生长率）不变，且空间和环境不受限制的条件下，作物的生长类似于资本以连续复利累积，称为指数增长。实际上，当作物器官、个体、群体以"J"形生长到一定阶段后，由于内部和外部环境（包括空间、水、肥、光、温等条件）的限制，相对生长率下降，使曲线不再按指数增长方式直线上升，而发生偏缓。这样一来，便形成了"S"形曲线。

"S"形曲线按作物种子萌发至收获来划分，可细分为四个时期：

缓慢增长期：种子内细胞处于分裂时期和原生质积累时期，生长比较缓慢。

快速增长期：细胞体积随时间呈对数增大，因为细胞合成的物质可以再合成更多的物质，细胞越多，生长越快。

减速增长期：生长继续以恒定速率（通常是最高速率）增加。

缓慢下降期：生长速率下降，因为细胞成熟并开始衰老。

值得指出的是，不但作物生长过程遵循"S"形增长曲线，而且作物对养分吸收积累的过程也符合"S"形曲线。

2. "S" 形生长进程的应用

作物的生育是不可逆的，在作物生育过程中应密切注视苗情，使之达到该期应有的长势长相，向高产方向发展。"S"形曲线也可作为检验作物生长发育进程是否正常的依据之一。各种促进或抑制作物生长的措施，都应该在作物生长发育最快速度到来之前应用。同一作物的不同器官，通过"S"形生长周期的步伐不同，生育速度各异，在控制某一器官生育的同时，应注意这项措施对其他器官的影响。

（三）作物的生育期和生育时期

1. 作物的生育期

（1）作物大田生育期：作物从播种到收获的整个生长发育所需时间，以天数表示。

（2）作物生育期：从籽粒出苗到作物成熟的天数。对于以营养体为收获对象的作物，如麻类、薯类、牧草、绿肥、甘蔗、甜菜等，指播种材料出苗到主产品收获适期的总天数。

（3）棉花具有无限生长习性，一般将播种出苗至开始吐絮的天数称为生育期，而将播种到全天收获完毕的天数称为大田生育期。

（4）秧田生育期和大田生育期（水稻、甘薯、烟草等）。秧田生育期是指出苗到移栽的天数，大田生育期是指移栽到成熟的天数。

作物生育期的长短，主要是由作物的遗传性和所处的环境条件决定的。

作物生育期与产量：一般来说，早熟品种单株生产力低，晚熟品种单株生产力高，但也不是绝对的。

2. 作物的生育时期

在作物的一生中，受遗传因素和环境因素的影响，在外部的形态特征和内部的生理特征上，都会发生一系列变化。根据这些变化，特别是形态特征上的显著变化，可将作物的整个生育期划分为若干个生育时期，或称若干个生育阶段。作物的生育时期是指某一形态特征出现变化后持续的一段时间，并以该时期始期至下一时期始期的天数计。

各类作物通用的生育时期划分：

稻、麦类：出苗期、分蘖期、拔节期、孕穗期、抽穗期、开花期、成熟期。

玉米：出苗期、拔节期、大喇叭口期、抽穗期、吐丝期、成熟期。

豆类：出苗期、分枝期、开花期、结荚期、鼓粒期、成熟期。

棉花：出苗期、现蕾期、花铃期、吐絮期。

油菜：出苗期、现蕾抽薹期、开花期、成熟期。

3. 作物的物候期

作物生育时期是根据其起止的物候期确定的。所谓物候期是指作物生长发育在一定外界条件下所表现出来的形态特征，人为地制定一个具体标准，以便科学地把握作物的生育进程。

水稻的物候期：

出苗：不完全叶突破芽鞘，叶色转绿。

分蘖：第一个分蘖露出叶鞘 1cm。

拔节：植株基部第一节间伸长，早稻达 1cm，晚稻达 2cm。

孕穗：剑叶叶枕全部露出下一叶叶枕。

抽穗：稻穗穗顶露出剑叶叶鞘 1cm。

乳熟：稻穗中部籽粒内容物充满颖壳，呈乳浆状，手压开始有硬物感觉。

蜡熟：稻穗中部籽粒内容物浓黏，手压有坚硬感，无乳状物出现。

成熟：谷粒变黄，米质变硬。

以上判断标准为观测单个植株时的标准。对于群体物候期的判断标准是：10％左右的植株达到某一物候期的标准时称为这一物候期的始期，50％以上植株达到标准时称为这一物候期的盛期。

二、作物的器官建成

（一）种子萌发

1. 作物的种子

植物学上的种子是指由胚珠受精后发育而成的有性繁殖器官。

作物生产上所说的种子则是泛指用于播种繁殖下一代的播种材料，它包括植物学上的三类器官：①由胚珠受精后发育而成的种子；②由子房发育而成的果实；③为进行无性繁殖用的根或茎。

2. 作物种子萌发过程

种子的萌发分为吸胀、萌动和发芽三个阶段。

吸胀：种子吸收水分膨胀达饱和，贮藏物质通过酶的活动，水解为可溶性糖、氨基酸、甘油和脂肪酸等。

萌动：这些物质运输到胚的各个部分，转化合成胚的结构物质，从而促使胚的生长。生长最早的部位是胚根。当胚根生长到一定程度时，突破种皮，露出白嫩的根尖，即完成萌动阶段。

发芽：萌动之后，胚继续生长，禾谷类作物当胚根长至与种子等长，胚芽长达到种子长度一半时，即达到发芽阶段。

3. 种子发芽的条件

只有具有发芽能力的种子才可能发芽。水分、温度和空气是发芽的主要条件。

种子发芽的条件：

（1）水分

吸水——种皮膨胀软化；吸氧——细胞质溶胶状态，代谢加强，贮藏物质转化为可溶性物质。小麦吸水为自身重的 150％～160％；玉米吸水为 137％；大豆吸水为 220％～240％（蛋白质、脂肪多，吸水也多）。

（2）温度

适宜。作物种子发芽是在一系列酶的参与下进行的，而酶的催化与温度有密切的关系。

（3）空气

发芽时物质代谢和运输，通过有氧呼吸作用来保证。

4. 种子的寿命和种子休眠

（1）种子的寿命

是指种子从采收到失去发芽力的时间。

鉴别种子生活力的方法有三类：①利用组织还原力；②利用原生质的着色能力；③利用细胞中的荧光物质。

（2）种子的休眠

在适宜萌发的条件下，作物种子和供繁殖的营养器官暂时停止萌发的现象，称为种子的休眠。休眠是作物对不良环境的一种适应，在野生植物中比较普遍，在栽培作物上表现较差。休眠有原始休眠和二次休眠之分。原始休眠：即种子在生理成熟时或收获后立即进入休眠状态。二次休眠：作物种子在正常情况下能萌发，由于不利环境条件的诱导而引起自我调节的休眠状态。

（3）种子休眠的主要原因

胚的后熟：种子已经脱落，胚还没有成熟，后熟之后才萌发。

硬实种皮（种子透性不良）：种皮不透水、气。

发芽的抑制物质：果实或种子中含有某种抑制发芽的物质。如脱落酸、酚类化合物、有机酸等。

（4）打破种子休眠的方法

①生理后熟的种子

通过低温和水分处理，促进后熟（人参、五味子）。

②硬实种子

采用机械磨伤种皮或用酒精、浓硫酸、碳酸钠、盐酸处理（甜菜、香菜）。

③消除发芽抑制物质

层积埋藏法、种子高温处理（水稻40~45℃）、浸水清洗、赤霉素等处理。

（二）根的生长

1. 作物的根系

作物的根系由初生根、次生根和不定根生长演变而成。

单子叶作物的根系：属于须根系，由种子根（或胚根）和茎节上发生的次生根组成。种子萌发时，先长出1条初生根，然后有的可长出3~7条侧根，随着幼苗的生长，基部茎节上长出次生的不定根，数量不等。

双子叶作物的根系：属直根系，由1条发达的主根和各级侧根构成。主根由胚根不断伸长形成，并逐步分化长出侧根、支根和细根等，主根较发达，侧根、支根等逐级变细，形成直根系。

向水性：旱地作物入土深。

趋肥性：氮肥利于茎叶生长，磷肥利于根系生长。

向氧性：禾谷类作物根系随着分蘖的增加根量不断增加，并且横向生长显著，拔节以后转向纵深伸展，到孕穗或抽穗期根量达最大值，以后逐步下降。

双子叶作物棉花、大豆等的根系也是逐步形成的，苗期生长较慢，现蕾后逐渐加快，至开花期根量达最大值，以后又变慢。

2. 影响根生长的条件

土壤阻力、土壤水分、土壤温度、土壤养分、土壤氧气。

（三）茎的生长

1. 单子叶作物的茎

禾谷类作物的茎多数为圆形，大多中空，如稻、麦等。

有些禾谷类作物的茎为髓所充满而成实心，如玉米、高粱、甘蔗等。

茎秆由许多节和节间组成，节上着生叶片。

禾谷类作物基部茎节的节间极短，密集于土内靠近地表处，称为分蘖节。分蘖节上着生的腋芽在适宜的条件下能长成新茎，即分蘖。从主茎叶腋长出的分蘖称为第一级分蘖，从第一级分蘖上长出的分蘖叫第二级分蘖。

2. 双子叶作物的茎

双子叶作物的茎一般接近圆形、实心，由节和节间组成。其主茎每一个叶腋有一个腋芽，可长成分枝。从主茎上长成的分枝为第一级分枝，从第一级分枝上长出的分枝为第二级分枝。以此类推（分枝强的：棉花、油菜、花生和豆类，分枝弱的：烟草、麻、向日葵）。

3. 作物茎的生长

禾谷类作物的茎主要靠每个节间基部的居间分生组织的细胞进行分裂和伸长，使每个节间伸长而逐渐长高，其节间伸长的方式为居间生长。

双子叶作物的茎，主要靠茎尖顶端分生组织的细胞分裂和伸长，使节数增加，节间伸长，植株逐渐长高。使节间伸长的方式为顶端生长。

4. 影响茎、枝（分蘖）生长的因素

（1）种植密度

苗稀，单株营养面积大，光照充足，植株分枝（或分蘖）力强；反之，苗密，则分枝力（或分蘖力）弱。

（2）施肥

施足基肥、苗肥，增加土壤中的氮素营养，可以促进主茎和分枝（分蘖）的生长。但氮肥过多，碳氮比例失调，对茎枝生长不利。

（3）选品种

选用矮秆和茎秆机械组织发达的品种。

（四）叶的生长

1. 作物的叶

作物的叶根据其来源和着生部位的不同，可分为子叶和真叶。

子叶是胚的组成部分，着生在胚轴上。真叶简称叶，着生在主茎和分枝（分蘖）的各节上。

（1）单子叶作物的叶

禾谷类作物有一片子叶形成包被胚芽的胚芽鞘；另一片子叶形如盾状，称为盾片，在发芽和幼苗生长时，起消化、吸收和运输养分的作用。禾谷类作物的叶为单叶，一般包括叶片、叶鞘、叶耳和叶舌四部分，具有叶片和叶鞘的为完全叶，缺少叶片的为不完全叶。

（2）双子叶作植物的叶

双子叶作物有两片子叶，内含丰富的营养物质，供种子发芽和幼苗生长之用。其真叶多数由叶片、叶柄和托叶三部分组成，称为完全叶，如棉花、大豆、花生等；缺少托叶，如甘薯、油菜；缺少叶柄，如烟草。单叶，一个叶柄上只着生一片叶，如棉花、甘薯等；复叶，在一个叶柄上着生两个或两个以上完全独立的小叶片（三出复叶：大豆；羽状复叶：花生）。

2. 作物叶的生长

叶（真叶）起源于茎尖基部的叶原基。从叶原基长成叶，需要经过顶端生长、边缘生长和居间生长三个阶段。

顶端生长使叶原基伸长，变为锥形的叶轴（叶轴就是未分化的叶柄和叶片），顶端生长停止后，分化出叶柄。经过边缘生长形成叶的雏形后，从叶尖开始向基性的居间生长，使叶不断长大直至成熟。

作物的叶片平展后，即可进行光合作用。叶从开始输出光合产物到失去输出能力所持续时间的长短，称为叶的功能期。禾谷类作物一般为叶片定长到 1/2 叶片变黄所持续的天数；双子叶作物则为叶平展至全叶 1/2 变黄所持续的天数。

在生产上，常常用叶面积指数来表示群体绿叶面积的大小，即叶面积指数＝总绿叶面积/土地面积。

3. 影响叶生长的一些因素

叶的分化、出现和伸展受温、光、水、矿质营养等多种因素的影响。

较高的气温对叶片长度和面积增长有利，而较低的气温则有利于宽度和厚度的增长。

光照强，则叶片的宽度和厚度增加；光照弱，则对叶片长度伸长有利。

充足的水分促进叶片生长，叶片大而薄；缺水使叶生长，叶片小而厚。

矿质元素中，氮能促进叶面积增大，但过量的氮又会造成茎叶徒长，对产量形成不利。在生长前期，磷能增加叶面积，而在后期却又会加速叶片的老化。钾对叶有双重作用，一是可促进叶面积增大，二是能延迟叶片老化。

（五）花的发育

1. 花器官的分化

禾谷类作物的花序通称为穗。小麦、大麦和黑麦为穗状花序；稻、高粱、糜子、粟和玉米的雄花序为圆锥花序。禾谷类作物幼穗分化较早，稻、麦作物一般在主茎拔节前后或同时，粟类作物则在主茎拔节伸长以后。

双子叶作物的花芽分化：棉花的花是单生的，豆类、花生、油菜属总状花序，烟草为圆锥或总状花序，甜菜为复总状花序。这些作物的花均由花梗、花托、花萼、花冠、雄蕊和雌蕊组成。双子叶作物花芽分化一般也较早。

2. 开花、受精和授粉

开花是指花朵张开，已成熟的雄蕊和雌蕊（或两者之一）暴露出来的现象。各种作物开花都有一定的规律性，具有分枝（分蘖）习性的作物，通常是主茎花序先开花，然后是第一分枝（分蘖）花序、第二分枝（分蘖）花序依次开花。同一花序上的花，开放顺序因作物而不同，由下而上的有油菜、花生和无限结荚习性的大豆；中部先开花，然后由上而下的有小麦、大麦、玉米和有限结荚习性的大豆；由上而下的有稻、高粱等。

授粉：成熟的花粉粒借助外力的作用从雄蕊花药传到雌蕊柱头上的过程，称为授粉。

自花授粉作物，如水稻、小麦、大麦、大豆、花生等。

异花授粉作物，如白菜型油菜、向日葵、玉米等。

常异花授粉作物，如甘蓝型油菜、棉花、高粱、蚕豆等。

受精：作物授粉后，雌雄性细胞即卵细胞和精子相互融合的过程，称为受精。其大体过程是：花粉落在柱头上以后，通过相互"识别"或选择，亲和的花粉粒就开始在柱头上吸水、萌发，长出花粉管，穿过柱头，经花柱诱导组织向子房生长，把两个精子送到位于子房内的胚囊，分别与胚囊中的卵细胞和中央细胞融合，形成受精卵和初生胚乳核，完成"双受精"过程。

3. 影响花器官分化、开花授粉受精的外界条件

营养条件：作物花器分化要有足够营养，否则会引起幼穗和花器退化。但氮肥过多，营养器官生长过旺，会影响幼穗和花芽的分化。

温度：在幼穗分化或花芽分化期间要求一定的温度，如水稻幼穗分化适应温度为26~30℃；作物在开花授粉期间也需要适宜的气温，如水稻开花需30~35℃。

水分：小麦、水稻在幼穗分化阶段是需水最多时期，若遇干旱缺水将造成颖花败育，空壳率增加。

天气：天气晴朗，有微风，有利于作物开花授粉和受精。

（六）种子和果实发育

1. 作物的种子和果实

禾谷类作物1朵颖花只有1个胚珠，开花受精后子房（形成果皮）与胚珠（形成种子）的发育同步进行，故果皮与种皮愈合而成颖果。

双子叶作物1朵花可有数个胚珠，开花受精后子房与胚珠的发育过程是相对独立的，一般子房首先开始迅速生长，形成铃或荚等果皮，胚珠发育成种子的过程稍滞后，果实中种皮与果皮分离。

2. 种子和果实的发育

种子由胚珠发育而成，各部分的对应关系是：受精卵发育成胚，初生胚乳核发育成胚乳，包被胚珠的珠被发育成种皮。

果实由子房发育而来，某些作物除了子房外，还有花器甚至花序参与果实的发育。种子以外的果实部分，实际上由外果皮、中果皮、内果皮三层组成。中果皮和内果皮的结构特点（如肉质化、膜质化等）决定了果实的特点。

种子和果实在发育过程中，除了外部形态、颜色变化外，其内部化学成分也发生明显变化，即可溶性的低分子有机物（如葡萄糖、蔗糖、氨基酸等）转化成为不溶性的高分子

有机物（如蛋白质、脂肪和淀粉等），种子和果实的含水量也逐渐降低。

3. 影响种子和果实发育的因素

种子和果实的发育和形成，首先要求植株体内有充足的有机养料，并源源不断地运往种子和果实；外界条件也有较大影响，温度、土壤水分和矿质营养等要适宜，过低或过高都影响种子和果实的发育。此外，光照也要充足。

三、作物的温光反应特性

所谓作物的温光反应特性，是指作物必须经历一定的温度和光周期诱导后，才能从营养生长转为生殖生长，进行花芽分化或幼穗分化，进而才能开花结实。

作物对温度和光周期诱导反应的特性，称为作物的温光反应特性。

（一）作物的感温性

一些两年生作物，如冬小麦、冬黑麦、冬油菜等，在其营养生长期必须经过一段较低温度诱导，才能转为生殖生长。这种低温诱导促进作物开花的作用称为春化作用。

不同作物和不同品种对低温的范围和时间要求不同，一般可将其分为冬性类型、半冬性类型和春性类型。

冬性类型：这类作物品种春化必须经历低温，春化时间也较长，如果没有经历过低温条件则作物不能花芽分化和抽穗开花。一般为晚熟品种或中晚熟品种。

半冬性类型：这类作物品种春化对低温的要求介于冬性类型和春性类型之间，春化的时间相对较短，如果没有经过低温条件则花芽分化、抽穗开花大大推迟。一般为中熟或早中熟品种。

春性类型：这类作物品种春化对低温的要求不严格，春化时间也较短。一般为极早熟、早熟和部分早中熟品种。

（二）作物的感光性

作物花器分化和形成除需要一定温度诱导外，还必需一定的光周期诱导。不同作物品种需要一定光周期诱导的特性称为感光性，一般分为三种类型：

短日照作物：日照长度短于一定的临界日长时，才能开花。如果适当延长黑暗、缩短光照可提早开花。相反，如果延长日照，则延迟开花或不能进行花芽分化。属于这类作物的有大豆、晚稻、黄麻、烟草等。

长日照作物：日照长度长于一定的临界日长时，才能开花。如果延长光照、缩短黑暗可提早开花，而延长黑暗则延迟开花或花芽不能分化。属于这类作物的有小麦、燕麦、油菜等。

日中性作物：开花之前并不要求一定的昼夜长短，只需达到一定基本营养生长期，在自然条件下四季均可开花，如荞麦等。

临界暗期是在昼夜周期中短日照作物能够开花所必需的最短暗期长度，或长日照作物能够开花所必需的最长暗期长度。

（三）作物的基本营养生长性

这种在作物进入生殖生长前，不受温度和光周期诱导影响而缩短的营养生长期，称为基本营养生长期。不同作物品种的基本营养生长期的长短各异。这种基本营养生长期长短的差异特性，称为作物品种的基本营养生长性。

（四）作物温光反应特性在生产上的应用

1. 在引种上的应用

作物引种就是从外地或外国引入当地所没有的作物，借以丰富当地的作物资源。

简单引种：原产地与引种地的自然环境差异不大，或者由于被引种的作物本身适应范围较广泛，不需要特殊的处理和选育过程，就能正常生长发育、开花结果并繁殖后代。

驯化引种：原产地和引种地之间的自然环境相差较大，或者由于被引种的作物本身适应范围狭窄，需要通过选择、培育，改变其遗传性，使之能够适应引种地的环境。

作物引种的基本原则是作物与环境协调统一。

2. 在栽培上的应用

作物布局，品种的搭配、播期安排，调控营养与生殖生长。

3. 在育种上的应用

在制定作物育种目标时，要根据当地自然气候条件，提出明确的温光反应特性；在杂交育种（或制种）时，为了使两亲本花期相遇，可根据亲本的温光反应特性调节播种期；为了缩短育种进程或加速种子繁殖，可根据育种材料的温光反应特性决定其是否进行冬繁或夏繁。

在我国春小麦和春油菜区若须以冬性小麦和冬性冬油菜为杂交亲本时，则首先应对冬性亲本进行春化处理，使其在春小麦和春油菜区能正常开花，进行杂交。

四、作物生长的相关性

（一）营养生长与生殖生长的关系

作物营养器官根、茎、叶的生长称为营养生长；生殖器官花、果实、种子的生长称为生殖生长。通常以花芽分化（幼穗分化）为界限，把生长过程大致分为两段，前段为营养生长期，后段为生殖生长期。

营养生长期是生殖生长期的基础，营养生长和生殖生长并进阶段两者矛盾大，要促使其协调发展；在生殖生长期，作物营养生长还在进行，要掌握得当。

（二）地上部生长与地下部生长的关系

作物的地上部分（也称冠部）包括茎、叶、花、果实、种子；地下部分主要是指根，也包括块茎、鳞茎等。地下部与地上部物质的相互交换，地上部与地下部重量保持一定比例，环境条件和栽培技术措施对地下部和地上部生长的影响不一致。

（三）作物器官的同伸关系

植株各个器官的建成呈一定的对应关系。在同一时间内某些器官呈有规律的生长或伸长，叫作作物器官的同伸关系。这些同时生长（或伸长）的器官就是同伸器官。

（四）个体与群体的关系

作物的一个单株称为个体，而单位面积上所有单株的总和称为群体。作物个体和群体之间互相联系又互相制约。由于反馈的作用，作物群体在动态发展过程中普遍存在着"自动调节"现象。作物群体的自动调节，在植株地上部主要是争取光合营养，而地下部则为争取水分和无机营养。

合理的种植密度有利于个体与群体的协调发展。

利用作物群体自动调节原理采取相应的栽培技术措施提高作物产量。

第二节　作物产量和产品品质的形成

一、作物产量及其构成因素

（一）作物产量

作物产量即作物产品的数量，通常分为生物产量和经济产量。

生物产量是指作物一生中，即全生育期内通过光合作用和吸收作用，即通过物质和能量的转化所生产和积累的各种有机物的总量，计算生物产量时通常不包括根系（块根作物除外）。在总干物质中有机物质占 90％～95％，矿物质占 5％～10％。严格来说，干物质不包括自由水，而生物产量则含水 10％～15％。

经济产量是指栽培目的所需要的产品的收获量，即一般所指的产量。经济产量是生物产量中所要收获的部分。经济产量占生物产量的比例，即生物产量转化为经济产量的效率，叫作经济系数或收获指数。

$$产量＝生物产量×经济系数$$

（二）产量构成因素

作物产量是指单位土地面积上的作物群体的产量，由个体产量或产品器官数量所构成。

单位土地面积上的作物产量随产量构成因素数值的增大而增加。

（三）作物产量形成特点

1. 产量因素的形成

产量因素的形成是在作物整个生育期内不同时期依次而重叠进行的。产量因素在其形成过程中具有自动调节现象，这种调节主要反映在对群体产量的补偿效应上。分蘖作物，如水稻、小麦等，自动调节能力较强；主茎型作物，如玉米、高粱等，自动调节能力较弱。

禾谷类作物：产量＝穗数×单穗粒数×粒重

或产量＝穗数×单穗颖花数×结实率×粒重（结实率＝实粒数/着粒数×100％）

豆类作物：产量＝株数×单株有效分枝数×每分枝荚数×单荚实粒数×粒重

薯类作物：产量＝株数×单株薯块数×单薯重

油菜：产量＝株数×每株有效分枝数×每分枝角果数×每果粒数×粒重

2. 产量构成因素之间的关系

（1）产量构成因素之间为乘积关系；

（2）产量构成因素相互间很难同步增长，往往彼此之间存在着负相关关系，株数（密度）与单株产品器官数量间的负相关关系较明显；

（3）在产量构成因素中，前者是后者的基础，后者对前者有一定的补偿作用。

产量因素的形成是在作物整个生育期内不同时期依次重叠进行的；产量因素在其形成过程中具有自动调节现象，这种调节主要反映在对群体产量的补偿效应上。

3. 干物质的积累与分配

作物产量形成的全过程包括光合器官、吸收器官及产品器官的建成及产量内容物的形成、运输和积累。

作物光合生产的能力与光合面积、光合时间及光合效率密切相关。

光合面积：包括叶片、茎、叶鞘及结实器官能够进行光合作用的绿色表面积，其中，绿叶面积是构成光合面积的主体。

光合时间：光合作用进行的时间。

光合效率：单位时间、单位叶面积同化 CO_2 的毫克数或积累干物质的克数。

作物的干物质积累动态遵循 Logistic 曲线（"S"形曲线）模式，即经历缓慢增长期、指数增长期、直线增长期和减慢停止期。

干物质的分配随作物种、品种、生育时期及栽培条件而异。生育时期不同，干物质分配的中心也有所不同。

生长分析法的基本观点是以测定干物质增长为中心，同时也测定叶面积，计算与作物光合作用生理功能相关的参数，比较不同作物、不同品种、不同生态环境下生长和产量形成的差异。

相对生长率（RGR）即单位时间单位重量植株的重量增加，通常用 g/（g·d）表示。

二、作物的"源、库、流"理论及其应用

在近代作物栽培生理研究中，特别是在超高产栽培的理论讨论中，常用源、库、流三因素的关系阐明作物产量形成的规律，探索实现高产的途径，进而挖掘作物的产量潜力。

（一）源

是指植物光合作用制造的同化物的供应，它是作物发育及产量形成的物质基础。就作

物群体而言，则是指群体的叶面积及其光合能力。因此，作物群体和个体的发展达到叶面积大，光合效率高，才能使源充足，为产量库的形成和充实奠定物质基础。

（二）库

从产量形成的角度看，库主要是指产品器官的容积和接纳营养物质的能力。

产品器官的容积随作物种类而异，禾谷类作物产品器官的容积决定于单位土地面积上的穗数、每穗颖花数和籽粒大小的上限值；薯类作物则取决于单位土地面积上的块根或块茎数和薯块大小上限值。

（三）流

流是指作物植株体内输导系统的发育状况及其运转速率。流的主要器官是叶、鞘、茎中的维管系统。

（四）"源、库、流"的协调及其应用

源、库、流是决定作物产量的三个不可分割的重要因素，只有当作物群体和个体的发展达到源足、库大、流畅的要求时，才可能获得高产。源、库、流的形成和功能的发挥不是孤立的，而是相互联系、相互促进的，有时可以相互代替。源、库、流在作物代谢活动和产量形成中构成统一的整体，三者的平衡发展状况决定作物产量的高低，是支配产量的关键因素。

源与库的关系：源是产量库形成和充实的物质基础，源充足可以促使库发展；库对源的大小和活性有明显的反馈作用，库大又提高源的能力。源、库器官的功能是相对的，有时同一器官兼有两个因素的双重作用。

从库、源与流的关系看，库、源大小对流的方向、速率、数量都有明显影响，起着"拉力"和"推力"的作用。

三、作物群体及其层次结构

（一）作物群体的概念

作物群体：是指同一块地上的作物个体群，包括单作群体和复合群体两大类。

单作群体：仅由一种作物组成的群体。

复合群体：由两种或两种以上作物组成的群体。

（二）作物群体的特征

在群体中个体的生长发育变化，引起了群体内部环境的改变，改变了的环境反过来又影响个体生长发育的反复过程叫作"反馈"。

自动调节：是通过个体对变化着的环境条件的反应而发生的，包括植物对刺激的感受（感应性）、传递和反应（如向性、生长、运动等）。自动调节能力是相对的、具有一定范围的。

（三）作物群体的层次结构

作物群体的结构是指组成这一群体的各个单株及总叶面积、总茎数、总根重在空间的分布和排列的动态情况。根据作物群体结构的功能及其与环境条件的关系，整个群体可分为三个层次：光合层（叶穗层）、支架层（茎层）、吸收层（根层）。

（四）能量转换率和能量利用率

1. 影响作物群体结构及物质生产的因素

株型：是指植物体在空间的存在样式。各种作物的理想株型都应当具有适于密植栽培而不倒伏、群体的生物产量及收获指数大等形态生理特征。

种植密度：实质上是指作物群体中每一个体平均占有的营养面积大小。而种植方式则指每一个体所占营养面积的形状，即行、株距的宽窄。

作物生长发育必须从环境中吸收营养物质，施肥是满足作物营养的重要手段，也是实现优质高产的有效栽培措施之一。强调有机无机相结合，氮、磷、钾平衡施肥对作物优质高产栽培十分重要。肥料的适时施用与适量施用也十分重要。一般苗期要施足基肥，早施速效追肥，促进早而快地出叶、发根和分枝，为中后期生长奠定良好的基础，生产上称之为"长好苗架"。

2. 作物群体的光能作用

作物群体的光合作用能源来自太阳辐射能，辐射能量以每单位面积上每分钟所接受的能量计，即 1.98Ly/min（$1\text{Ly}=4.18\text{J/cm}^2$），这个数值称为太阳常数。

投射到植物群体的太阳辐射，一部分为植物体所反射，一部分透过群体达到地面，剩下的一部分则为植物所吸收而用于光合作用。

四、作物的品质及品质形成

（一）作物的品质

作物品质是指收获目标产品达到某种用途要求的适合度。根据人类栽培作物的目的，可大致将作物分为两大类，一类是为人类及动物提供食物的作物，如各种粮食作物和饲料作物等；另一类是为轻工业提供原料的作物，如各种经济作物。对提供食物的作物，其品质主要包括食用品质和营养品质等方面；对提供轻工业原料的作物，其品质包括工艺品质和加工品质等。

（二）作物品质的评价标准

形态指标：是根据作物产品的外观形态来评价品质优劣的指标，包括形状、大小、长短、粗细、厚薄、色泽、整齐度等。

理化指标：是根据作物产品的生理生化分析结果评价品质优劣的指标，包括各种营养成分，如蛋白质、氨基酸等。

（三）作物品质的主要类型

食用品质：蒸煮、口感和食味等的特征。

营养品质：作物被利用部分所含有的供人体所需要的有益化学成分及对人体有害和有毒的成分。

工艺品质：影响产品质量的原材料特性。

加工品质：不明显影响加工产品质量，但又对加工过程有影响的原材料特性。

（四）作物产量与品质的关系

作物产量和产品品质是作物栽培、遗传育种学科研究的核心问题，实现高产优质是作物遗传改良及环境和措施等调控的主要目标。作物产量及品质是在光合产物积累与分配的同一过程中形成的，因此，产量与品质间有着不可分割的关系。

从人类的需求看，作物产品的数量和质量同等重要，而且对品质的要求越来越高。一般高成分，特别是高蛋白质、脂肪、赖氨酸等含量很难与丰产性相结合。禾谷类作物，如小麦、水稻、玉米，其籽粒蛋白质含量与产量呈负相关。

一般认为，作物产量和品质是相互制约的，产量高往往品质较差。不利的环境条件往往会增加蛋白质含量，提高蛋白质含量的多数农艺措施往往导致产量降低。水稻的产量与稻米蛋白质含量呈负相关，但也有二者呈正相关或不相关的情况。一般中产或低产情况下，随着环境和栽培条件的改善，如增施氮肥，籽粒产量与蛋白质含量同时提高，二者呈正相关，至少二者不会呈负相关。当产量达到该品种的最高水平后，随施氮量增加，蛋白质继续增加，稻谷产量下降。

第三节　作物与环境的关系

一、作物的环境

（一）自然环境

作物生长在自然环境之中，通过不断同化环境完成生长发育过程，最终形成产品；作物又受制于自然环境，自然环境影响着作物的生长发育过程，最终影响到作物遗传潜力的表达。

（二）人工环境

广义的人工环境是指所有的为作物正常生长发育所创造的环境；狭义的人工环境，是指在人工控制下的作物环境。

二、作物与光的关系

（一）光的补偿点与饱和点

光补偿点：光合作用过程吸收 CO_2 量和呼吸作用释放 CO_2 量相等时的光照强度。
光饱和点：光合作用开始达到最大光合速率值时的光照强度。

（二）光周期

自然界的一昼夜间的光暗交替称为光周期。
光周期现象：是指作物对白天和黑夜的相对长度的反应。

（三）作物对光周期的反应

长日照作物、短日照作物、中间型作物、定日作物。

作物在达到一定的生理年龄时才能接受光引变。日照长度是营养生长转变为生殖生长的必要条件，并不是作物一生都要求这样的日照长度。对长日照作物来说，绝不是日照越长越好，对短日照作物也是如此。

（四）光周期反应在作物栽培上的应用

纬度调节：短日照作物由南方向北方引种时，由于北方生长季节内日照长、气温低，营养生长期延长，开花结实推迟。北方种向南引种，出现营养生长期缩短，开花提前。

播期调节：短日照（水稻），从春到夏分期播种结果，播期越晚抽穗越快（出苗至出穗天数缩短）。

（五）作物对光谱的反应

1. 作物的生理有效光与生理无效光（低效光）

红、橙光被叶绿素吸收最多、光合活性最强，为生理有效光；绿光被作物叶片反射和透射，很少利用，为生理无效光。

2. 不同波长光下的光合产物

长波光，促进糖类合成；短波光，促进氨基酸、蛋白质合成。

3. 不同波长对作物生长影响

蓝紫光、青光抑制作物体伸长，红光促进作物体伸长，紫外线抑制作物体伸长、促进花青素形成，红外线促进作物体伸长、促进种子萌发。

三、作物与温度

（一）积温

作物生长、发育要求一定的热量。通常把作物整个生育期或某一发育阶段内高于一定温度度数的昼夜温度总和，称为某作物或作物某发育阶段的积温。积温可分为有效积温和活动积温两种。

作物不同发育时期中有效生长的温度下限叫生物学最低温度，在某一发育时期中或全生育期中高于生物学最低温度的温度叫活动温度。活动温度与生物学最低温度之差叫有效温度。

活动积温是作物全生长期内或某一发育时期内活动温度的总和。有效积温是作物全生长期或某一发育时期内有效温度之总和。温周期：作物生长发育与温度变化的同步现象。

（二）作物温光反应特性

作物必须经历一定的温度和光周期诱导后，才能从营养生长转变为生殖生长进行花芽分化或穗分化，进而才能开花结实。一些两年生作物如冬小麦、冬燕麦、冬油菜，在营养生长期经过一段较低温度诱导才能转为生殖生长，这种诱导为春化。

（三）耐寒作物与喜温作物

各种作物对温度的要求与它们的起源地有一定的关系。

耐寒作物：麦类、豌豆、蚕豆、油菜、亚麻等作物生育适温较低，在 2～3℃ 也能生育，幼苗期能耐-6～-5℃低温。

喜温作物：大豆、玉米、高粱、谷子、水稻、荞麦、花生、芝麻等作物生育的适温较高，一般要在 10℃ 以上才能生育，幼苗期温度下降到-1℃左右，即造成危害。

春化现象：有些作物在幼苗期或种子萌动时，受一段时间的低温处理，才能正常抽穗开花和结实，这种现象称作春化现象（如：冬小麦）。

（四）温度三基点

作物生长过程中，对温度的要求有最低点、最适点和最高点之分，称为温度三基点。

最低温度：作物生长发育要求的起点温度（低限）。

最适温度：作物生长发育最快要求的温度。

最高温度：作物生长发育所能承受的高限温度。

（五）地温与根系生长

大多数作物，在最适温度以下，随着地温的上升，根部、地上部的生长量也增加。由于地上部所要求的温度比根部高，所以，10～35℃ 的范围内，温度越高地上部生育越快，根冠比越大。在冷凉的春秋，根系生长活跃，炎热的夏天根系生长量则较少。

1. 低温、高温条件

低温条件：根系呈白色、多汁、粗大、分枝减少、皮层生存较久。

高温条件：根系呈褐色、汁液少、细、分枝多、木栓化程度大。

温度临界期：对外界温度最敏感的时期（减数分裂至开花）。

2. 低温对作物的危害

寒害：亦称冷害，零摄氏度以上低温对作物造成的伤害。

冻害：零摄氏度以下低温对作物造成的伤害。

霜害：又称白霜，由于霜的出现而使植物受害。

3. 高温对作物的危害

间接危害：高温导致代谢异常，缓慢渐进伤害作物。

直接伤害：高温直接破坏作物细胞质结构，导致死亡。

（六）作物抗热性的自我调节

在温度渐升过程中，降低植株含水量，减慢代谢活动。

四、作物与水的关系

（一）作物对水的反应

大多数作物在潮湿的土壤中根系不发达，生长缓慢，分布于浅层；土壤干燥，作物根系下扎，伸长至深层。

作物不同对土壤含水量要求也不同：豆类、马铃薯——田间持水量的 70％～80％，禾谷类作物——田间持水量的 60％～70％。

（二）水对作物的重要意义

水是作物体的重要组分，是光合作用生产有机物质的原料，是作物原生质体生命代谢活动的基质，是连接土壤、作物、大气生态链的介质。

（三）作物的需水量

作物需水量通常用蒸腾系数来表示。蒸腾系数是指作物每形成 1g 干物质所消耗的水分的克（g）数。作物的蒸腾系数不是固定不变的，同一作物不同品种的需水量不同，同一品种不同条件下种植，需水量也各异。

影响因素：

1. 气象因素

干燥、高温、风大，蒸腾多，需水多。

2. 土壤条件

土壤肥沃或施肥后作物生长良好，干物质积累多，但水分蒸腾并不相应增加，需水量比瘠薄地少。土壤中缺某一元素时（磷、氮）需水最多，缺钾、硫、镁时次之，缺钙时影响最小。

（四）作物的需水临界期

需水临界期是作物一生中对水分最敏感的时期。在临界期内水分不足对作物生长发育和最终产量影响最大。

（五）旱、涝害

环境中水分低到不足以满足作物正常生命活动的需要时，便出现干旱。作物遇到的干旱有大气干旱和土壤干旱两类。

蹲苗：在作物苗期减少水分供应，使之经受适度缺水的锻炼，促使根系发达下扎，根冠比增大，叶绿素含量增多，光合作用旺盛，干物质积累加快。经过锻炼的作物如再次碰上干旱，植株体保水能力增强，抗旱能力显著增加。

增强作物抗旱性的其他措施：选育抗、耐旱品种，增施磷、钾肥，施用生长调节剂等。

水分过多对作物的不利影响称为涝害。

五、作物与矿质营养

作物的生长和形成产量需要营养。根据作物对施肥和营养元素的不同反应，可分为喜氮、喜磷、喜钾作物。

喜氮作物：水稻、小麦、玉米、高粱等作物。这一类作物对氮肥敏感，在一般肥力条件下，约2/3的氮生产子粒蛋白质，剩余部分生产茎、叶、根的蛋白质。

喜磷作物：油菜、大豆、花生、蚕豆、荞麦等作物。这一类作物施磷肥增产显著。北方土壤几乎普遍缺磷，南方的红、黄土更是缺磷，施磷肥增产效果良好。

喜钾作物：甜菜、甘蔗、烟草、棉花、薯类、麻类等作物。这一类作物施钾肥对作物产量和品质都有良好的作用。

以上的划分只有相对的意义，其实，在作物生产上缺乏任何一种营养元素都势必造成减产。

（一）作物必需的营养元素

作物体干物质组成必需营养元素包括：

大量元素：碳、氢、氧、氮、磷、钾、钙、镁、硫九种元素，一般占干物质含量的 0.1％以上；微量元素：铁、锰、硼、锌、氯、钼、铜七种元素，一般占干物质含量的 0.1％以下。

在这 16 种必需营养元素中，矿质营养元素 13 种。其中：碳元素 45％，氧元素 40％，氢元素 6％。

（二）作物对矿质营养的需求规律

1. 营养临界期

作物生长发育过程中一个对某种营养元素需要量虽不多但很迫切的时期。

氮：水稻、小麦——分蘖期和幼穗分化期，玉米——穗分化期；

磷：一般在幼苗期；

钾：水稻——分蘖初期和幼穗分化期。

2. 作物营养最大效率期

作物生长发育过程中一个养分需求量很大、施肥增产效率最好的时期。大多数作物的营养最大效率期在生殖生长期，水稻、小麦在拔节抽穗期，大豆、油菜在开花期。

3. 作物对矿质营养三要素需求

在作物必需的 13 种矿质元素中，对氮、磷、钾需求量最大，一般称为三要素。同一作物不同生育期的三要素需求量不同。

第四节　作物栽培技术措施

一、作物栽培制度

作物栽培制度是指一个地区或一个生产单位种植作物构成、配置、熟制和种植方式的总称。其内容包括作物布局、轮作（连作）、间作、套作、复种等。

（一）作物布局

作物布局是指一个地区或一个生产单位（或农户）种植作物的种类及其种植地点配置。换言之，作物布局要解决的问题是，在一定的区域或农田上种什么和种在什么地方。主要是粮食作物、经济作物、饲料绿肥作物等。

1. 作物布局的因素

（1）作物的生态适应性。

（2）农产品的社会需求及价格因素。

（3）社会发展水平。

2. 作物布局的基本原则

（1）坚持以市场为导向，立足本地市场，面向全国，考虑国际，适应内外贸易发展的需要，满足社会需求。

（2）坚持发挥区域比较优势，因地制宜发挥资源、经济、市场技术等方面的区域优势，发展本地优势农产品。

（3）坚持提高农业综合生产能力，严格保持耕地、林地、草地和水资源，保护生态环境，实行可持续发展。

（二）作物轮作和连作

1. 轮作、连作的概念

轮作是在同一块田地上有顺序地轮换种植不同作物的种植方式。如一年一熟条件下的大豆—小麦—玉米三年轮作；在一年多熟条件下，轮作由不同复种方式组成，称为复种轮作，如（油菜—水稻）—（绿肥—水稻）—小麦/棉花三年轮作。

连作（重茬）是在同一田地上连年种植相同作物或采用同一复种方式的种植方式，前者称为连作，后者称为复种连作。

2. 轮作的作用

（1）均衡利用土壤养分。

（2）减轻作物的病虫危害。

（3）减少田间杂草危害。

（4）改善土壤理化性状。

3. 连作的危害及防治连作的技术

（1）连作的危害

①导致某种土壤传染的病虫害严重发生；

②伴生性和寄生性杂草孳生，难以防治；

③土壤理化性质恶化，肥料利用率下降；

④过多消耗土壤中某些易缺营养元素；

⑤土壤积累更多的有毒物，引起自我毒害的作用。

（2）防治连作的技术

①选择耐连作的作物品种。

②采用先进的栽培技术。

烧田熏土，杀死土壤传播病原菌、虫卵及杂草种子，新型高效低毒农药、除草剂使用，有机和无机肥料的配合使用，合理的水分管理冲洗有毒物质。

（三）作物的间混套作及复种

1. 作物的间混套作

间混套作指的是两种或两种以上作物复合种植在耕地上的方式。与这种种植方式有关的种植方式还有单作、立体种植和立体种养。

（1）单作也称为清种，是在同一块田地上只种植一种作物的种植方式。

（2）混作也称为混种，是把两种或两种以上作物，不分行或同行混合在一起种植的种植方式。

（3）间作是指在一个生长季内，在同一块田地上分行或分带间隔种植两种或两种以上作物的种植方式。

（4）套作也称套种、窜种，是在前季作物生长后期在其行间播种或移栽后季作物的种植方式。

（5）立体种植是指在同一农田上，两种或两种以上的作物（包括木本）从平面上、时间上多层次利用空间的种植方式。实际上立体种植是间、混、套作的总称。

2. 复种

复种是指在同一块地上一年内接连种植两季或两季以上作物的种植方式。主要复种方式有两年三熟、一年两熟、一年三熟三种。同一块田地，一年内种收两季作物，称为一年两熟，如冬小麦—夏玉米；

种收三季作物，称为一年三熟，如小麦—早稻—晚稻；两年内种收三季作物，称为两年三熟，如春玉米—冬小麦—夏甘薯。

（1）复种指数

复种指数＝全田作物播种总面积/耕地面积×100％，复种指数的高低实际上表示的是耕地利用程度的高低。复种程度的另一表示方式是熟制，它表示以年为单位的种植次数，如一年两熟等。播种面积大于耕地面积的熟制，统称为多熟制。复种指数小于100％时，表明耕地有休闲或撂荒现象。休闲是指耕地在一定时间内不耕不种或只耕不种的方式，可分为全年休闲和季节休闲两种。撂荒是指耕地连续两年以上不耕种的方式。休闲和撂荒具有积蓄养分和恢复地力的作用。

（2）复种的条件

①热量条件

热量条件是决定一个地区能否复种的首要条件，只有满足各茬作物对热量的需求，才能实行复种和提高复种指数。热量条件常用年平均温度、积温和无霜期长短作为确定复种的热量指标。

年均气温法：8℃以下为一年一熟区，8~12℃为两年三熟或套作两熟区，12~16℃可以一年两熟，16~18℃可以一年三熟。

积温法：大于等于10℃积温低于36℃为一年一熟，36~50℃可以一年两熟，50℃以上可以一年三熟。

无霜期法：150d以下只能一年一熟，150~250 d可以一年两熟，250 d以上可以一年三熟。

②水分条件

在热量条件满足的地区，能否复种还受水分条件的限制。包括降雨量、降雨季节和灌溉水。从降雨量看，年降雨量400~500 mm为半干旱区，一年一熟；600 mm左右的地区，热量较高，可以一年两熟；秦岭淮河以南、长江以北地区800 mm，以稻麦两熟为主；大于1000 mm，则可满足双季稻和三熟要求。降雨的季节性分布也有影响，降雨过分集中，旱季时间过长，不利于复种。

③肥力条件

土壤肥力高有利于复种，只有增施肥料才能满足复种对养分的需求，达到复种高产。

④劳畜力、机械化条件

复种种植次数多，用工量增大，前作收获后作播种，时间紧迫，农活集中，对劳畜力和机械化条件要求高。

（3）复种的技术

复种是一种时间集约、空间集约、投入集约、技术集约的高度集约经营型农业，只有因地制宜地运用栽培技术，才能达到复种高效的目的。

（4）间、套作的技术要点

①选择适宜的作物和品种。

②建立合理的田间配置：田间配置主要包括密度、行比、幅宽、间距、行向等。

二、播种与育苗移栽

(一) 播种

1. 播种期的确定

(1) 依据种子发芽出苗和幼苗生长的最低温度划分：5cm 地温稳定通过（粳稻 10℃，籼稻 12℃，玉米 12℃，棉花 14℃）。

(2) 依据作物品种的感温、感光特性划分：①强春性小麦和油菜品种，适当迟播；②强冬性小麦品种，早播。

(3) 依据种植制度前茬收获时间。

(4) 依据作物生长发育的安全性：小麦、油菜安全越冬。避开虫害、风灾等。

2. 播种量的确定

(1) 一般规则

基本苗数×千粒重（g）。

$$播种量（kg/hm^2）= 发芽率（\%）×种子净度（\%）×出苗率（\%）×10^6$$

(2) 灵活原则

考虑气候变化、土壤水分和播种方法。

3. 播种方式的确定

(1) 播种深度

大粒种、土质疏松、土壤水分少、温度高，适当深播；反之适当浅播。小麦、玉米、大豆播深 3~4cm，水稻、油菜、烟草播于表土。

(2) 播种方式

作物种子在单位面积上的分布状况，也即株行配置。生产上因作物生物学特性及栽培制度不同，分别采用不同的播种方式，即：撒播：水稻、油菜育苗；条播：小麦、牧草（确定行距）；点播：大豆、玉米、马铃薯（确定行、株距）；精量播种：是点播的发展。

(二) 育苗移栽

1. 育苗移栽的意义

集中管理培育壮苗；确保大田种植密度；减少种子及管理成本；缓和季节矛盾、拓展生育期。

2. 育苗方式

（1）露地育苗

在自然温度满足作物幼苗生长条件下不加覆盖材料采用的育苗方式。这种育苗方法简单、管理方便、省工节本。

生产上有多种实践应用：湿润育秧和旱育苗。

（2）设施育苗

采用某种覆盖物或调节温湿度和光照的设施进行育苗的方式。可概括为保温育苗和增温育苗（温室育苗）两类。

3. 移栽技术

苗床培育的壮苗按照栽培目标的密度配置行株距栽入大田。

（1）移栽期的确定

根据移栽后易活棵数确定移栽苗龄；根据前茬收获期或与前茬共生期确定移栽时间。

（2）移栽方法

移栽时要施好安家肥；带土移栽有利于缩短缓苗期；水稻小苗抛栽，或机械插秧；移栽时浇大水促活棵；分苗类移栽促进平衡发苗。

三、地膜覆盖栽培

（一）概念

地膜覆盖栽培是指采用透明的塑料薄膜（超薄型）覆盖农作物地面的保护地栽培。这是一项最先由日本引入国内的新材料应用技术，应用范围由蔬菜到棉花、花生、玉米、果树等。

（二）地膜覆盖对农田生态的直接效应

提高覆盖保护地的膜下土壤温度，稳定覆盖保护地浅土层的土壤湿度，促进耕作层土壤微生物活动，改善土壤结构性状，加速土壤可利用养分的转化，防止盐碱地土壤返盐碱，改善近地光照条件（地膜反光作用），除草膜覆盖杀死杂草。

（三）地膜覆盖对作物生产的作用

提高了作物的出苗率；促进了近地表土层内根系的生长和生理功能；加快了作物苗期的地上部生长速度，增长了叶面积，提高了光合效率；加快了作物生育进程，促进早熟。

（四）地膜覆盖栽培的技术要点

1. 覆盖地膜的农田要平整，施足基肥，土壤含水量适宜；

2. 覆盖地膜时应压严膜边；

3. 幼苗出土后及时放苗并用细土封口，提高保温、保湿效果；

4. 需要适当抑制开花前作物的营养生长势；

5. 非除草膜覆盖须配套除草措施；

6. 做好地膜覆盖田的地膜回收工作，避免污染。

四、土壤施肥及整地技术

（一）施肥

1. 外源矿质元素对作物营养的一般规律

（1）养分平衡与最少养分规律

最少养分规律：作物获取外源矿质时，如果其中某种元素供应不足，即使其他元素供应十分充足，仍限制作物生长的现象。增加该元素供应量即可改善作物生长。生产上表现为缺素症。

（2）养分互作与最少养分规律

养分的协同作用：对作物施用两种或两种以上矿质元素时，作物反应的同施效应超过单施效应之和的现象。

养分的拮抗作用：对作物施用两种或两种以上矿质元素时，作物反应的同施效应小于单施效应之和的现象。

（3）报酬递减规律

对作物经济产量而言，在配合施用一定的肥料量范围内，单位施肥量所生产的作物产量随施肥量增加而增加；但当施肥量超过一定量后，单位施肥量所生产的作物产量逐步下降甚至严重下降的现象（施肥不是越多越好）。

2. 施肥量的确定

作物产量目标是确定施肥量的本质依据。作物体摄取的矿质营养来自两个方面：一是作物体生长所处的介质环境（如土壤、水、空气）中贮存的营养元素量；二是作物生长期间由人工增施的营养元素量。作物体对土壤营养元素量和人工施肥元素量的利用只是一部分。

3. 肥料运筹与施肥方法

依据土壤质地和土壤肥力实施测土配方施肥，依据作物不同生育时期对肥料元素的需求量，将培育壮苗目标与植株营养诊断相结合确定施肥配方和施肥量。

根际土壤（营养液）施肥是作物施肥的主要途径。

（1）基肥

在播种或移栽时施入土壤的肥料称基肥。常采用全层分施或面施、撒施或条施（深施），有机肥与无机肥相结合，复合肥料元素，缓效肥为主、速效肥为铺。

（2）追肥

作物生长期间施用的肥料称为追肥。常采用撒施或条施，复合肥料与单素肥料相结合，以速效肥为主。

（3）叶面施肥

又称根外追肥，是土壤追肥的补充方式。叶面追肥仅适用于追施低浓度速效化肥。

（二）灌溉与排水

1. 合理灌溉

灌溉是补充作物生长期间利用天然降水不足部分的需水量的方式，一般应看天看地看苗的实际需要实施灌溉制度。

2. 灌溉方法

（1）地面灌溉指灌溉水在田面流动或蓄存过程中，借重力和毛细管作用湿润土壤或渗入土壤的灌水方式。

优点：能源消耗少、设备少、技术简单、传统灌溉方法；缺点：耗水量大、湿润土壤不均、水资源利用效率低。

（2）地下灌溉是指在作物根系吸水层下面供水，借助毛细管作用自下而上湿润土壤的方法。

优点：灌水利用效率高，不破坏土壤结构，减少表土蒸发和径流损失，便于田间其他作业；缺点：投资大，设备检修困难，表土湿润不均。

（3）喷灌是指利用动力设备和管道系统施以压力，将水输送到喷头，把有压力的水喷射至空中，以降水方式灌溉。

优点：可控制灌水强度，省水、省工，不破坏土壤结构，调节地面小气候，不造成水土肥的流失；缺点：投资大、动力消耗大。

（4）微灌是指利用流动式或低压管道系统把水或肥料溶液经过管道末端的滴口均匀缓

慢地注入根际土壤的方式。

优点：现代先进灌水方式，节水、省工、无污染，不提高地下水位；缺点：一次性投资大，滴口易塞。

3. 节水农业技术

旱地农区的节水措施：加强农田基本建设；实施水土保持耕作；综合利用节水灌溉工程技术和农业节水技术。

（1）选用抗旱节水作物品种。

（2）采用水肥耦合技术（以肥调节、以水调肥）。

（3）覆盖保墒技术（塑膜、秸秆等）。

（4）耕作保墒技术。

（5）化学保水技术（保水剂、抑蒸抗旱剂、复合包衣剂等）。

4. 排水

排水是在农田土壤含水量过高或积水情况下排除多余水分的措施。

五、病虫草害防治技术

（一）病害防治

1. 病害概念

病害是作物受到病原物侵袭，造成形态、生理和组织结构上病变，并影响正常生长发育，甚至局部坏死或全部死亡的现象。

根据引发病害的性质分为：非传染性病害，由不良物理或化学因素诱发；传染性病害，由生物病原物诱发。

2. 作物病害的防治

对危险性病害、局部性病害和人为传播的病害实行植物检疫；选育选用抗病品种；贯彻"预防为主、综合防治"的方针。包括物理防治、生物防治、化学防治和农业防治。

（二）虫害防治

植物检疫；选育、选用抗虫、耐虫作物品种；贯彻"预防为主、综合防治"方针；虫害的防治立足于害虫的预测预报，把握防治适期。

（三）草害防治

1. 杂草的危害

杂草一般是指农田中非有意识栽培的植物。杂草的危害主要有：与栽培作物争肥、争水、争光、争空间；成为作物病害、虫害的中间寄生；降低作物的产量和质量，如稗草；除草增加用工和成本；影响人畜健康，如毒麦；影响农田水利设施安全。

2. 杂草的种类

一年生杂草和多年生杂草（以生物学习性分）；单子叶杂草和双子叶杂草（以植物学形态分）；窄叶杂草和阔叶杂草。

3. 杂草的生物学特性

结实多，落粒性强；传播方式多样；种子寿命长，在田间存留时间长；发芽出苗期不一致，从作物播种前到作物成熟后，都有杂草种子发芽出苗；适应性强，可塑性强，抗逆性也强；拟态性，与作物伴生，如稗草与水稻。

4. 杂草的防治

①健全杂草检疫制度；②农业防治；③生物防治；④化学防治。

六、作物化学调控技术

（一）植物生长调节剂的概念、种类

植物生长调节剂的概念：指那些从外部施加给植物，在低浓度下引起生长发育发生变化的人工合成或人工提取的化合物。

1. 植物激素类型

（1）生长素类

促进细胞增大伸长，促进植物的生长。

（2）赤霉素类

促进细胞分裂和伸长，刺激植物生长；打破休眠，促进萌发；促进坐果，诱导无籽果实；促进开花。

（3）脱落酸

抑制细胞分裂和伸长，促进离层形成；促进衰老和成熟；促进气孔关闭，提高抗旱性。

（4）细胞分裂素类

促进细胞分裂和增大；减少叶绿素的分解，抑制衰老，保鲜；诱导花芽分化；打破顶端优势，促进侧芽生长。

（5）乙烯类

促进果实成熟；抑制生长；促进衰老。

2. 植物生长延缓剂

矮壮素、多效唑、比久（B9）、缩节胺。

抑制植物体内赤霉素的合成，延缓植物的伸长生长。

三十烷醇、油菜素内酯等。

（二）植物生长调节剂在作物上的应用

打破休眠，促进发芽；增蘖促根，培育矮壮苗；促进籽粒灌浆，增加粒数和提高粒重；控制徒长，降高防倒；防治落花落果，促进结实；促进成熟。

（三）作物的智能栽培

1. 作物智能栽培的发展

计算机和信息技术为作物栽培管理提供了新方法和手段。运用农业信息技术，建立动态的计算机模拟模型和管理决策系统，实现作物生产管理的定量决策。作物智能栽培是将系统分析原理和信息技术应用于作物栽培的研究与实践。

2. 基于3S的作物空间信息系统

遥感；地理信息系统；全球定位系统。

第二章　小麦生产技术

第一节　播前准备与播种技术

一、环境条件

(一) 小麦对主要环境条件的要求

在大田生产条件下，小麦生长发育所必备的生活条件中，光照、温度、氧气等，主要靠适应自然条件而得到满足，水分和养分则一部分取之于自然，更多的还是靠生产者供应与调节，主要是通过土壤发生作用。因此，土、肥、水是小麦生产上首先要解决的基本条件。

1. 土壤

小麦对土壤的适应性较强，可以在多数土壤上种植，但以土层深厚、有机质丰富、结构良好、保水通气的壤土为宜。

2. 肥料

小麦从土壤中吸收氮、磷、钾的数量，因各地自然条件、产量水平、品种及栽培技术的不同而有较大差异。小麦在不同生育时期，吸收肥料总的趋势是：苗期，苗株小，吸肥量少；拔节后，生长加快，吸肥量增加；开花后吸肥量又逐渐减少。

3. 水分

冬小麦一生耗水量为 $400\sim600mm$，相当于 $3900\sim6000m^3/hm^2$；春小麦略少。其一般规律是：拔节以前，气温低，苗株小，耗水量较少，仅占总耗水量的 $30\%\sim40\%$；拔节到抽穗，小麦进入旺盛生长阶段，耗水量急剧增加，占总耗水量的 $20\%\sim35\%$；抽穗到成熟，冬小麦耗水量占总耗水量的 $26\%\sim42\%$，春小麦占 50%。

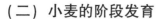

（二）小麦的阶段发育

在小麦的一生中，必须通过几个内部质变阶段，才能完成从种子到种子的生活周期。这些内部的质变阶段，称为阶段发育。小麦的阶段发育包括春化和光照两个阶段。

1. 春化阶段

（1）春化阶段

小麦从种子萌动以后，其生长点除要求一定的综合条件外，还必须通过一个以低温为主导因素的影响时期，然后才能抽穗、结实，否则终生不实，这段低温影响时期称为小麦的春化阶段；这一特性也称为小麦的感温性。

（2）小麦通过春化阶段的标志

小麦通过春化阶段除要求综合条件外，低温起主导作用；小麦春化阶段接受低温反应的器官是萌动种子胚的生长点或绿色幼苗茎的生长点。如果条件适宜，可以开始于种子萌动，但一般来说，生长锥伸长期是小麦通过春化阶段的标志，而二棱期是小麦春化阶段结束的标志。

2. 光照阶段

小麦通过春化阶段后，如果外界条件适宜，即可进入光照阶段。小麦是长日照作物，要通过光照阶段，必须经过一定天数的长日照，才能完成内部的质变过程而抽穗结实，所以，这一阶段的主导因素就是日照的长短，该阶段也叫感光阶段。这一特性也称为小麦的感光性。

小麦的播前准备是决定小麦高产、稳产的基础，主要包括种子准备、土壤准备、肥料准备、播前灌水四个环节。

二、种子准备

（一）精选良种

良种是保证小麦高产稳产的基础。各地应因地、因时制宜，合理品种布局，高优并重，选择综合抗逆性好的良种，发挥良种的抗旱耐寒、节水抗逆、高产稳产潜力，同时做到良种良法配套，切忌一味求新、频繁更换品种。

1. 南部中熟冬麦区水地

可种植临汾8050、舜麦1718、烟农19、晋麦84、济麦22等。

（1）临汾 8050

该品种冬性，中熟。株高 75cm 左右，叶片直立，株型紧凑。长方穗，白粒，角质，千粒重 44g 左右；分蘖强，成穗率高；抗倒，抗干热风，灌浆快，落黄好。每 667m² 产量水平：500kg 左右。

（2）舜麦 1718

该品种冬性，中熟。株高 75cm 左右，秆强抗倒，分蘖成穗率较高。千粒重 42g，籽粒白色，品质较好。发育前慢、中稳、后快，抗冻、抗病性较好。每 667m² 产量水平：400~600kg。

（3）烟农 19

该品种冬性，中熟。叶片上冲，株型紧凑，株高 75~80cm，分蘖力强，成穗率中等，每 667m² 穗数为 40 万~45 万，穗粒数 34 粒左右，千粒重 36g 左右，白粒，硬质，饱满；品质达优质强筋标准。每 667m² 产量水平：400~500kg。

（4）晋麦 84

该品种冬性，分蘖成穗率较高，株高 75cm 左右，秆强抗倒。每 667m² 穗数为 40 万左右，穗粒数 35~40 粒，千粒重达 50g 以上，籽粒硬质，饱满。每 667m² 产量水平：400~600kg。

（5）济麦 22

该品种半冬性，中晚熟。株高 72cm 左右，株型紧凑，抗倒伏。分蘖强，成穗率高，每 667m² 穗数为 42 万左右；长方穗，穗粒数 36 粒左右，白粒，硬质，饱满，千粒重 43g 左右；中抗白粉病。每 667m² 产量水平：400~600kg。

2. 南部中熟冬麦区旱地

可种植临丰 3 号、运旱 20410、运旱 21-30、晋麦 79、长 6359 等。

（1）临丰 3 号（临旱 536）

该品种冬性，中早熟。分蘖力强，成穗率较高，株高 75~80cm；长方穗，穗粒数 35 粒左右；籽粒白色，角质，千粒重 40~50g；抗冻、耐旱、抗干热风，落黄好，品质达优质强筋标准。每 667m² 产量水平：250~400kg。

（2）运旱 20410

该品种冬性，中早熟。株高 80~85cm，叶片直立转披型，株型紧凑，分蘖力强，成穗率高。籽粒白色，角质，千粒重 42g 左右，叶功能期较长，抗旱性强，灌浆快，落黄好。品质达优质强筋标准。每 667m² 产量水平：250~400kg。

（3）运旱 21-30

该品种冬性，中早熟。分蘖力强，成穗率高，穗层整齐，株型紧凑，株高 80~85cm，秆质好，较抗倒伏。抗旱、抗青干，灌浆快，落黄好。穗粒数 28~35 粒，籽粒白色，角质，饱满，千粒重 40~45g。每 667m² 产量水平：250~400kg。

（4）晋麦 79

该品种冬性，中早熟。苗期长势强，株高 70cm 左右，株型紧凑，穗层整齐。长方穗，白粒，角质，饱满度较好，每 667m² 穗数 35 万左右，穗粒数 27 粒左右，千粒重 38g 左右。抗旱，抗冻，较抗倒伏。每 667m² 产量水平：250~400kg。

（5）长 6359

该品种冬性，中熟。株高 75cm 左右，较抗倒伏，分蘖强，成穗多；穗粒数 35 粒左右，千粒重 45~50g；抗旱节水，灌浆落黄好；籽粒白色，角质，饱满，商品性好。每 667m² 产量水平：300~450kg。

3. 中部晚熟冬麦区水地

可种植长 4738、太 5902、中麦 175 等。

（1）长 4738

该品种冬性，中熟。株高 75cm 左右，较抗倒伏；产量三要素协调居高，每 667m² 穗数 45 万左右，穗粒数 35 粒左右，千粒重 45g 左右；灌浆落黄好，白粒，角质，饱满，商品性好。每 667m² 产量水平：400~600 kg。

（2）太 5902

该品种强冬性，中熟。分蘖强，成穗率高，穗数每 667m²40 万~50 万。

株高 70cm 左右，抗倒性较强。叶功能期长，灌浆落黄好。籽粒白色，硬质，千粒重 40g 左右，对条锈免疫。每 667m² 产量水平：500kg 左右。

（3）中麦 175

该品种冬性，中早熟。株高 80cm 左右，灌浆快，落黄好。产量三要素协调，每 667m² 穗数 50 万左右，穗粒数 28~34 粒，千粒重 40~42g，籽粒白色，饱满。抗倒、抗冻、高抗条锈，中抗白粉。每 667m² 产量水平：500kg 左右。

4. 中部晚熟麦区旱地

可种植长 6878、长麦 6135、晋麦 76（泽麦 2 号）等。

（1）长 6878

该品种冬性，中熟。分蘖强，成穗多；株高 85cm 左右，穗层整齐，灌浆快，落黄好。抗旱、抗冻、抗病，籽粒红色，角质，千粒重 40g 左右，品质达优质中筋标准。每 667m² 产量水平：250~400kg。

（2）长麦 6135

该品种冬性，中早熟。分蘖力强，成穗率高，长方穗，穗层整齐，株高 80cm 左右，秆强抗倒。抗冬、春冻，抗旱节水，对条锈免疫。籽粒白色，饱满，水旱兼用。每 $667m^2$ 产量水平：$300\sim400kg$。

（3）晋麦 76（泽麦 2 号）

该品种冬性，早熟。分蘖力较强，成穗率较高，株高 90cm 左右。穗粒数 40 粒。抗旱、抗倒性较强，后期灌浆快，落黄好。籽粒白色、硬质，千粒重 40.5g。品质好。每 $667m^2$ 产量水平：300kg 左右。

（二）种子处理

小麦播种前一般要经过精选种子、晒种、药剂拌种、种子消毒等流程，目的是使种子播种后发芽迅速，出苗率高，苗全苗壮。为了提高播种质量，选好的种子要做发芽试验，种子发芽率应高于 85％。凡低于 80％ 的种子，一般不做种用。

三、土壤准备

小麦对土壤的适应性极强，不论在沙土、壤土或黏土地上都可种植。但是，有机质丰富、结构良好、养分充足、通透性能好的土壤，是小麦高产、稳产、优质的基础。耕作整地是改善麦田土壤条件的基本措施之一。

（一）合理轮作倒茬，用地养地相结合

小麦播种面积大且肥力差的地区采用"一麦一肥"（复种或套种）或"两粮（小麦、玉米）一肥"的轮作方式；一般地区采用与豆科作物间、套作或轮作的方式，也可采用单纯种植豆科牧草的方式，一方面可以养地，另一方面可以发展畜牧业。

（二）整地

高产小麦对播前整地的质量要求比较高。整地标准可概括为"耕层深厚，土碎地平，松紧适度，上虚下实"16 字标准。具体讲，麦田整地包括深耕和播前整地。整地质量要求：深度适宜；表层无残留根茬；耕透耙透，不漏耕漏耙；耕翻时适墒耙地、不晾垡，使表土松软，无明暗坷垃；上虚下实，内无架空暗垡；耕层深浅一致，上下平整，地面坡度不超过 0.3％。一般深耕 20cm 以上。大型拖拉机带茬耕作，耕深 25cm 以上。

四、肥料准备

（一）小麦对肥料的需求

小麦施肥原则是以底肥、农家肥为主，追肥、化肥为辅，氮、磷、钾配合施用，三者比例约为3：1：3，但随着产量水平的提高，氮的相对吸收量减少，钾的相对吸收量增加，磷的相对吸收量稳定。起身期以前麦苗较小，氮、磷、钾吸收量较少，起身以后，植株长势迅速，养分需求量急剧增加，拔节至孕穗期小麦对氮、磷、钾的吸收达到一生的高峰期。

（二）底肥

底肥用量一般占总施肥量的60％~80％。主要是农家肥，现在都是秸秆还田。对于旱薄地，要增加底肥用量，以充分发挥肥料的增产效益。一般有机肥、磷肥、钾肥、50％的氮肥做底肥。有机肥随深耕施入土壤，化肥质量要符合国家相关标准的规定。

（三）种肥

小麦播种时用少量速效化肥与种子混匀同时播下，或把肥料单独施在播种沟中，使肥料靠近种子，以便幼苗生长初期吸收利用，对培养壮苗有显著作用，这种肥料称为种肥。种肥应以氮肥为主。常用的种肥有尿素、硫酸铵、硝酸铵。

五、播前灌水

小麦是需水较多的作物，播种时土壤耕层水分应保持在田间持水量的75％~80％。如果低于此指标，就应浇好底墒水，以便足墒下种。

浇灌底墒水通常有四种方式：

（一）送老水

秋庄稼收获前浇水俗称老水，老水有利于前茬农作物的籽粒成熟，又给小麦准备了底墒。浇送老水要注意浇水时间和浇水量，既不能影响秋季作物的正常成熟和收获，也不能影响小麦的整地和播种。

（二）浇茬水

在缺墒不严重、水源又不太足时，可在前茬作物收获后、翻地前浇好茬水，这样省水省时。

（三）塌墒水

在缺水严重、水源和时间都充足的情况下，可在犁地后浇好塌墒水，这种方式用水量大、贮水充足，对实现全苗和壮苗作用大，增产效果显著。

（四）蒙头水

在小麦适宜播期刚过，而土壤又非常干旱的情况下，只能先播种后浇水，这叫蒙头水。这种方式易造成地表板结，通透性差，不利于苗齐、苗匀，应尽量避免。

总之，播前准备应达到深、细、透、平、实、足。深即深耕 25cm 以上，打破犁底层；细即适时耙地，耙碎明暗坷垃；平即耕地前粗平，耕后复平；实即上松下实，不漏耕漏耙，无加空暗垄；足即底墒充足，黏壤耕层土壤含水量应在 20％ 以上、壤土 18％ 以上、沙土 16％ 以上，占田间持水量的 70％～80％，确保一播全苗。

六、播种技术

（一）播种机具

小麦播种机是通过播种机械系统将小麦种子种植在土地中的一种机械设备。

小麦播种机主要是由 12～18 马力的拖拉机配套带动实行播种，并有施肥机械。小麦播种机适用于平原和丘陵地区小麦的施肥和播种。具有通用性能良好、适应范围广、播种均匀等特点。

小麦播种机根据客户需求，主要有 12 行、14 行、16 行、18 行、24 行、36 行机械。

（二）播种时期

播种时期通常由当地气温来确定。冬小麦适宜的播种温度以冬性品种 16～18℃、半冬性品种 14～16℃、春性品种 12～14℃ 为宜。旱地和冬性品种适当早播；半冬性品种适当晚播。

1. 南部麦区旱地适播期为 9 月 25 日～30 日。

2. 中部晚熟麦区旱地适播期为 9 月 20 日～25 日，越冬期叶龄达 5.0～6.0 片，每 667m² 总茎蘖数以 80 万～90 万为宜，既要避免早播冬前旺长，水肥消耗过多，使小麦抗冻性降低，春季弱苗，又要避免播种过晚群体小，遇冬春阶段性干旱，群体偏小影响产量。

3. 南部水地适播期为 10 月 5 日~10 日，中部晚熟品种适播期为 10 月 1 日~5 日，越冬期叶龄在 4.5~5.5 片，每 667m² 总茎蘖数在 60 万~80 万为宜。

（三）播种方法

小麦的播种量和播种方式决定了小麦的合理密植问题。

1. 确定播种量

常采用"四定法"。

（1）以田定产即根据地力、水肥条件和技术水平等，定出经过努力可以达到的产量指标。

（2）以产定穗即根据产量指标和品种特性等，定出每单位面积所需穗数。

（3）以穗定苗即根据每单位面积所需穗数和单株可能达到的成穗数等，定出适宜的基本苗数。

（4）以苗定播种量即根据每单位面积需要的基本苗数，计算出适宜的播种量。

2. 播种方式

小麦播种方式很多，如条播、点播、撒播，还有宽窄行条播、地膜覆播等。采用何种方式播种，要根据产量水平、地力条件和生产条件来确定。

为保证下种均匀，可采用播种机或机播耧进行播种，也可采用重耧播种的方法，即把种子分作两次播种，有克服缺苗断垄和加宽播幅的效果。

3. 提高播种质量

对播种质量的要求是行直垄正，沟直底平，下籽均匀，播量准确，深浅适宜，播后镇压，不漏播，不重播。

（1）选用包衣种子

广大农民要合理选用小麦包衣良种或用种衣剂进行种子包衣，预防苗期病虫害。包衣种子对小麦出苗有影响，播种量应适当加大 10%~15%。

（2）足墒播种

小麦出苗的适宜土壤湿度为田间持水量的 70%~80%。秋种时若墒情适宜，要在秋作物收获后及时耕翻，并整地播种；墒情不足的地块，要及时灌水造墒播种。造墒时，每 667m² 灌水量为 40m³。

（3）适期播种

小麦越冬壮苗标准是：越冬前要达到 6~7 片叶、5~8 个蘖、8~10 条次生根，570~

650℃有效积温。一般小麦播种适期为 10 月 8 日~12 日，防止播种偏晚遭遇极端天气或越冬偏早时，影响小麦正常生长。

（4）适量播种

小麦的适宜播量因品种、播期、地力水平等条件而异。在适期播种情况下，成穗率高的中穗型品种，精播高产麦田，每 $667m^2$ 基本苗 10 万~12 万；半精播中产田每 $667m^2$ 基本苗 13 万~16 万；成穗率低的大穗型品种适当增加基本苗，旱作麦田每 $667m^2$ 基本苗 12 万~16 万；晚茬麦田每 $667m^2$ 基本苗 20 万~30 万。同时，注意不可播种过深，一般播深为 3~5cm，防止过深，影响出苗。

（5）播后镇压

由于旋耕地块整地质量一般较差，小麦播后能否出苗整齐，镇压是保证出苗质量的重要措施。选用带镇压装置的小麦播种机械，镇压轮应符合国家标准，在小麦播种时随种随镇压，也可在小麦播种后用镇压器镇压两遍，尤其是对于秸秆还田地块，更要镇压，促进出苗。

第二节 田间管理

一、前期管理

时间：北方冬小麦苗期包括年前（出苗至越冬）和年后（返青至起身前）两个阶段。
生育特点：以长叶、长根、长蘖为主的营养生长阶段，时间为 150d 以上。
主攻目标：保证全苗，促苗早发，匀苗。冬前促根增蘖，实现冬前壮苗。安全越冬。

（一）查苗补种

齐苗后垄内 10~15cm 无苗，应及时用同一品种催芽补种。如在分蘖期查苗补苗，可就地疏苗移栽补齐。补种或补栽后均实施肥水偏管。

（二）浇好冬水

一般麦田冬前昼消夜冻时，浇灌冬水，每 $667m^2$ 灌水量为 40~50m^3。秸秆直接粉碎还田麦田，根据表层土壤墒情酌情提前浇灌冬水。

（三）中耕与镇压

浇水后及时中耕，破除板结，防止裂缝。冬季镇压在分蘖后到土壤结冻前的晴天中午前后进行，对旺长麦苗有抑制生长的作用。土壤过湿时不宜镇压，以免造成板结；盐碱地也不宜镇压，否则，会引起返碱。

（四）禁止麦田放牧

放牧啃青会大量减少绿叶面积，严重影响光合产物的制造和积累，影响分蘖，造成减产，那种"畜嘴有粪，越啃越嫩"的说法，是完全错误的。

二、中期管理

时间：指起身、拔节到抽穗前。

生育特点：根、茎、叶、蘖等营养器官在此期已全部形成，分蘖由高峰走向两极分化。根、茎、叶等营养器官与小穗、小花等生殖器官分化、生长、建成同时并进时期，是决定成穗率和壮秆大穗的关键时期。生长速度快，对水肥要求十分迫切，反应也很敏感。

主攻目标：协调营养生长与生殖生长的关系，创造合理群体结构，实现秆壮不倒，穗齐穗大，搭好丰产架子。

（一）锄划镇压

早春顶凌浅耙、镇压。小麦返青期前后，及时锄划镇压。

（二）浇水追肥

一般年份在起身拔节期浇春季第一水，抽穗扬花期浇春季第二水。特别干旱年份在扬花后 10~15d 补浇第三水。每次每 667m² 灌水量 40m³。结合浇春季第一水，将小麦全生育期氮肥施用总量的 1/3~1/2 一次性追施，中等肥力麦田每 667m² 施纯氮 3~5kg，每 667m² 高肥力麦田 6~8kg。

（三）喷施化控剂

对于株高偏高的品种和生长旺、群体大的麦田（每 667m² 总茎数 100 万以上），在起身期前后每 667m² 用 15% 多效唑粉剂 40~50g，兑水 30~50kg 叶面喷施。

（四）预防晚霜冻害

4 月中下旬，如遇降温天气，应提前采取浇水、喷施叶面肥、生长素等措施，以增加田间湿度，缓和低温变幅，有预防和减轻霜冻危害的效果，若大幅降温务必同时采取烟熏措施。对已受霜害较重的麦苗，不宜毁掉，及早追施速效肥料，结合浇水，仍能促使未被冻死的分蘖或新生分蘖抽穗结实，从而获得一定收成。

三、后期管理

时间：指从抽穗开花到灌浆成熟的阶段。

生育特点：营养生长结束，以生殖生长为主，生长中心集中到籽粒上。

主攻目标：保持根系活力，延长上部叶片功能期，防止早衰与贪青晚熟，提高光效，促进灌浆，增加粒数，丰产丰收。

（一）合理浇水

进入灌浆以后，根系逐渐衰退，对环境条件适应能力减弱，要求有较平稳的地温和适宜的水、气比例，土壤水分以田间最大持水量的70％~75％为宜。但是，山西省大部分地区，常年发生干旱，严重影响光合产物的积累和运转。因此，适时浇好开花、灌浆水，保护和延长上部叶片的功能期，促进植株光合产物向籽粒正常运转。对提高产量有显著作用，而麦黄水还能调节田间小气候，防止或减轻干热风危害。

浇灌浆水的次数、水量应根据土质、墒情、苗情而定，在土壤保水性能好、底墒足、有贪青趋势的麦田，浇一次水或不浇。其他麦田，一般浇一次。每次浇水量不宜过大，水量大，淹水的时间长，会使根系窒息死亡。同时，随着粒重增加，植株重心升高，应当注意速灌速排；防止倒伏。

（二）根外追肥

小麦开花到乳熟期如有脱肥现象，可以用根外追肥的方法予以补充。试验证明，开花后到灌浆初期喷施1％~2％的尿素溶液或2％~3％的硫酸铵溶液、3％~4％的过磷酸钙溶液或500倍磷酸二氢钾溶液（每667m²施52~80kg），有增加粒重的效果。

四、适时收获

（一）小麦收获适期

小麦收获适期很短，又正值雨季来临或面临风、雹等自然灾害的威胁，及时收获可防止小麦断穗落粒、霉变、穗发芽等损失。

掌握适期收获要注意小麦成熟过程中的特征变化。

1. 蜡熟初期

植株呈金黄色，多数叶片枯黄，籽粒背面黄白、腹沟黄绿色，胚乳凝蜡状、无白浆，籽粒受压变形，含水量35％~40％，此期需1~2d。

2. 蜡熟中期

植株茎叶全部变黄，下部叶片枯脆，穗下节间已全黄或微绿，籽粒全部变黄，用指甲掐籽粒可见痕迹，含水量35％左右，此期需1~3d。

3. 蜡熟末期

植株全部变黄，籽粒色泽和形状已接近品种固有特征，较坚硬，含水量为22％~25％，此期需1~3d。

4. 完熟初期

籽粒含水量降至20％以下，干物质积累已停止。籽粒缩小，胚乳变硬，茎叶枯黄变脆，收获时易断头落粒。此期收获的优点是有利于收割和脱粒，收获时留茬高度（不高于）15~20cm。如果不及时收获，籽粒的呼吸消耗和降雨的淋溶作用会使千粒重下降，如遇阴雨，休眠期短的品种，籽粒会在穗上发芽，降低产量与品种。

留种用的小麦一般在完熟初期收获，种子发芽率最高。

（二）小麦收获方法与贮藏

1. 小麦的收获方法

分为人工收割和联合收割机收割。采用人工收割，适宜时期是蜡熟中期到蜡熟末期。经过割晒–拾禾–脱粒等工序，在割后至脱粒前有一段时间的铺晒后熟过程（籽粒仍继续积累干物质）。如采用联合收割机收获，因在田间一次完成收割、脱粒和清选工序，所以，完熟初期是最佳收获时期。

2. 小麦的贮藏

小麦收获脱粒后，应晒干扬净，待种子含水量降至12.5％以下时，才能进仓贮藏。通常在日光下暴晒后立即进仓，能促进麦粒的生理后熟，同时还能杀死麦粒中尚未晒死的害虫。

小麦贮藏期间要注意防湿、防热、防虫，经常进行检查，伏天要进行翻晒。少量种子可贮藏在放有生石灰的容器中，加盖封口，使种子长时间处于干燥状态，既防止了虫蛀又能保证发芽力。

第三节　病虫草害防治

小麦不同生育时期都有病虫危害，所以，要加强预测预报，以防为主，防早治好。小麦病虫害以锈病、白粉病、蚜虫为主，部分地区赤霉病危害也大；近年来，由于偏施氮肥，纹枯病有逐渐加重趋势。在防治时一定要有针对性，才能有较好的防治效果。

冬前病虫草害冬前病害有小麦锈病、白粉病、纹枯病等，地下害虫主要有金针虫、蛴，地上部有小麦黑潜叶蝇、小麦蚜虫、土蝗、灰飞虱等，三叶期后及时防治麦田阔叶杂草及节节麦、野燕麦、雀麦草、早熟禾等。

中后期病虫草害小麦中期的主要病害有白粉病、锈病、叶枯病、赤霉病等，主要害虫有麦蚜、小麦叶螨等，小麦生长后期主要的虫害有吸浆虫等。

一、病害防治

（一）白粉病

小麦白粉病是世界性病害，在各地小麦产区均有分布。被害麦田一般减产 10％左右，严重地块损失达 20％~30％，个别地块甚至达到 50％以上。

1. 发病条件

春季高温、寡照易发病，施氮肥较多的地块，密度大时发病严重。

2. 传播途径

病菌的分生孢子和子囊孢子借助于气流传播，而且病菌可借助高空气流进行远距离传播。

3. 发病部位

叶片。

4. 症状

在苗期至成株期均可为害，主要为害叶片，严重时也可为害叶鞘、茎秆和穗部。病部初产生黄色小点，而后逐渐扩大为圆形的病斑，表面生一层白粉状霉层（分生孢子），霉层以后逐渐变为灰白色，最后变为浅褐色，其上生有许多黑色小点。

5. 防治方法

（1）农业防治

在白粉病菌越夏区或秋苗发病重的地区可适当晚播以减少秋苗发病率，避免播量过高，造成田间群体密度过大，控制氮肥用量，增加磷钾肥特别是磷肥用量。

（2）药剂防治

采用种子重 0.03％有效成分的粉锈宁拌种；发病后每 667m² 用 25％的粉锈宁可湿性粉剂 15~20g，加水 50kg 进行喷雾，可减少越冬期的病源，有效控制苗期病害发生。

在小麦孕穗末期至抽穗初期白粉病开始发生，用 30％醚菌酯 8g+施好美/能靓 1 号兑水 15kg，用量为每 667m² 施 30~45kg。

（二）小麦纹枯病

小麦纹枯病对产量影响极大，一般小麦减产 10％~20％，严重地块减产 50％，甚至绝收。

1. 发病条件

凡冬季温暖、早春气温回升快、阴雨天多、光照不足的年份，纹枯病发生重；播种过早，田间气温高，秋苗受侵染时间长，病害越冬基数高，第二年春季返青后病势发展快、病情严重；偏施氮肥、轻施有机肥，土壤缺磷钾肥，病重。

2. 传播途径

以菌核和菌丝体在田间病残体中越夏越冬，是典型的土传病害。其有两个侵染高峰，第一个是冬前秋苗期，第二个是春季返青拔节期。

3. 发病部位

主要为害小麦根部、茎基部的茎秆、叶鞘。

4. 症状小麦

各生育期均可受害，造成烂芽、病苗死苗、花秆烂茎、倒伏、枯株白穗等多种症状。幼芽鞘染病变褐，继而腐烂成烂芽。出苗后 3~4 叶期，下部叶叶鞘上呈现中间灰色、边缘褐色的椭圆形病斑，严重的抽不出新叶而死苗；进入拔节期后，基部叶鞘产生中部灰白色边缘褐色的圆形、椭圆形病斑，多个病斑相连形成云纹状花秆，病斑可深入茎秆内，茎部腐烂，茎秆枯死，阻碍了养分运输而引起整株枯死，主茎和大分蘖常抽不出穗，形成"枯孕穗"。

5. 防治方法

（1）农业防治

①适期播种，避免过早播种，以减少冬前病菌侵染麦苗的机会；②合理掌握播种量；③避免过量施用氮肥，平衡施用磷、钾肥，特别是重病田要增施钾肥，增强麦株的抗病能力；④选择适应本地区的麦田除草剂，做好杂草化学防除工作。

（2）药剂防治

①种子处理；②喷雾防治，返青拔节期使用甲基保利特 10g+能靓 1 号 20mL/施好美 25mL，兑水 15kg，均匀喷雾。也可采用每 667m² 用药量为 5％的井冈霉素水剂 150mL 兑水 60kg，也可每 667m² 采用 70％甲基硫菌灵可湿性粉剂 75g 兑水 100～150kg 喷雾，均有较好的防治效果。

（三）小麦锈病

小麦锈病主要有三种：条锈、叶锈和秆锈。三种锈病的共同特点是在被害处产生夏孢子堆，后期在病部生成黑色的冬孢子堆。三者诊断要点：条锈成行、叶锈乱、秆锈是个大红斑。

1. 发病条件

秋冬、春夏雨水多，感病品种面积大，菌源量大，锈病就发生重。

2. 传播途径

叶锈病菌是一种转主寄生的病菌，秋苗发病后，冬季温暖地区病菌不断传播蔓延。冬小麦播种早，出苗早发病重。条锈病菌主要以夏孢子在小麦上完成周年的侵入循环，是典型的远程气传病害。秆锈病菌以夏孢子世代在小麦上完成侵染循环。春、夏季麦区秆锈病的流行几乎都是外来菌源所致，所以，田间发病都是以大面积同时发病为特征，无真正的发病中心。

3. 发病部位

叶锈为害叶片，条锈和秆锈为害叶片、茎秆、叶鞘甚至穗。

4. 症状

叶锈病在叶片上产生疱疹状病斑，夏孢子堆散生在叶片的正面，呈橘红色。

条锈病发病初期在叶片上夏孢子堆鲜黄色，与叶脉平行，且排列成行，像缝纫机轧过的针脚一样，呈虚线状，后期表皮破裂，出现铁锈色粉状物。

秆锈病夏孢子堆最大，隆起高，褐黄色，不规则散生，常连接成大斑，成熟后表皮易破裂，表皮大片开裂且向外翻呈唇状，散出大量锈褐色粉末。

5. 防治方法

（1）种植抗病品种。

（2）在秋苗易发生锈病的地区，避免过早播种，合理密植和适量适时追肥，避免过多过迟施用氮肥。

（3）锈病发生时，多雨麦区要开沟排水，干旱麦区要及时灌水，可补充因锈病破坏叶面而蒸腾掉的大量水分，减轻产量损失。

（4）药剂防治。小麦拔节期前后发生中心病株时，用甲基保利特喷雾防治，间隔 8~10d，连续喷 2 次。小麦孕穗期前后发生中心病团，且发病较多时，可用甲基保利特+醚菌酯进行喷雾防治。间隔 8~10d，连喷 2 次。防治叶锈病可选用叶锈特 1000 倍液喷雾。

（四）小麦赤霉病

小麦赤霉病别名麦穗枯、烂麦头、红麦头，是小麦的主要病害之一。小麦赤霉病主要发生在潮湿和半潮湿区域，尤其气候湿润多雨的温带地区受害严重。

1. 发病条件

地势低洼、排水不良、黏重土壤、偏施氮肥、密度大、田间郁闭发病重。迟熟、颖壳较厚、不耐肥品种发病较重。

2. 传播途径

病菌以菌丝体和子囊壳随病残体遗落在土中越冬，或以菌丝体潜伏种子内或以孢子黏附种子上越冬；小麦赤霉病是种子带菌传播或土壤传播。

3. 发病部位

幼苗、茎、秆和穗。

4. 症状

从苗期到抽穗都可受害，引起苗枯、茎基腐、秆腐和穗腐，其中，为害最严重的是穗腐。苗枯由种子或土壤病残体带菌引起，病苗芽鞘变褐腐烂，重者全苗枯死；基腐和秆腐一般在苗期发生，有的在成熟期发生。基腐初期茎基变褐软腐，以后凹缩，最后麦株枯萎死亡。秆腐茎秆组织受害后，变褐腐烂以至枯死。穗腐，小麦扬花时，在小穗和颖片上产生水浸状褐斑，后逐渐扩大至整个小穗，小穗枯黄。气候潮湿时，病斑处产生粉红色胶状霉层，后期其上产生密集的蓝黑色小颗粒即病菌子囊壳。

5. 防治方法

（1）消灭越冬菌源

清除田间麦桩、玉米秸秆等病残体；并结合防治黑穗病等进行播前种子消毒。

（2）加强田间管理

因地制宜调整播期；配方施肥，增施磷钾，勿偏施氮肥；整治排灌系统，降低地下水位，防止根系早衰。

（3）药剂防治

喷药时期是防治的关键，施药应掌握在齐穗开花期。小麦扬花初期，用醚菌酯8g+甲基保利特10g兑水15kg喷雾防治，最好间隔7~15d再喷1次。或每667m²用50％的多菌灵可湿性粉剂75~100g，或80％的多菌灵粉剂50g，兑水50~75kg喷雾。

二、虫害防治

小麦主要虫害有30多种，为害较重的有小麦蚜虫、麦叶螨、吸浆虫、地下害虫等。

（一）麦蚜

麦蚜是小麦的重要虫害之一，其种类主要包括麦长管蚜、麦二叉蚜、禾谷缢管蚜三种。

1. 发生特点

年发生20~30代，多数地区以无翅孤蚜和若蚜在麦株根际和四周土块缝隙中越冬。在麦田春、秋两季出现两个高峰，夏天和冬季蚜量少。秋季冬麦出苗后从夏寄主上迁入麦田进行短暂的繁殖，出现小高峰，为害不重。11月中下旬后，随气温下降开始越冬。春季返青后，气温高于6℃开始繁殖，低于15℃繁殖率不高，气温高于16℃，麦苗抽穗时转移至穗部，虫田数量迅速上升，直到灌浆和乳熟期蚜量达高峰，气温高于22℃，产生大量有翅蚜，迁飞到阴凉地带越夏。5月中旬，小麦抽穗扬花，麦蚜繁殖极为迅速，至乳熟期达到高峰，对小麦为害最严重。

2. 为害部位

以成虫和若虫刺吸麦株茎、叶和嫩穗的汁液。

3. 为害症状

前期集中在叶正面或背面，后期集中在穗上刺吸汁液，致受害株生长缓慢，分蘖减少，千粒重下降；同时，分泌的蜜露诱发煤污病的发生，还可以传播病毒。

4. 防治方法

（1）农业措施

适时集中播种。冬麦适当晚播，春麦适时早播。合理浇水。主要抓好苗期蚜虫发生初期的防治。

（2）药剂防治

冬季苗期使用农兴15mL兑水15kg进行喷雾，兼治红蜘蛛；或每667m²用20％菊马乳油80mL防治蚜虫，兼治灰飞虱、潜叶蝇、蝗虫等害虫。

4月上中旬，蚜虫发生初期，发现中心株时，用百佳30mL兑水15kg均匀喷雾。防治穗期麦蚜，在扬花灌浆初期，百株蚜量超过500头，用百佳30mL+擂战5g或百佳30mL+农兴15mL，或农兴30mL+擂战5g兑水15kg进行喷雾防治。

此外，也可每667m²用抗蚜威（辟蚜雾）可湿性粉剂10~15g、10％吡虫啉可湿性粉剂20g、3％啶虫脒乳油40~50mL，上述农药品种任选一种，兑水35~50kg（2~3桶水），于上午露水干后或下午4点以后均匀喷雾。

（二）叶螨

麦叶螨虫主要有两种：麦圆叶爪螨和麦岩螨。麦圆叶爪螨又名麦圆蜘蛛，麦岩螨又名麦长腿蜘蛛，有些地区两者混合发生、混合为害。

1. 发生特点

麦圆叶爪螨1年发生2~3代，以成、若虫和卵在麦株及杂草上越冬，3月中下旬至4月上旬为害重，形成1年中的第一高峰，10月上、中旬孵化，为害秋苗，形成1年中的第二高峰。喜潮湿。

麦岩螨年生3~4代，以成虫和卵越冬，翌春2~3月成虫开始繁殖，越冬卵开始孵化，4~5月田间虫量多，5月中下旬后成虫产卵越夏，10月上中旬越夏卵孵化，为害秋苗，喜干旱，白天活动，以15：00~16：00最盛，完成一个世代需24~46d。多行孤雌生殖，把卵产在麦田中硬土块或小石块及秸秆或粪块上，成、若虫也群集，有假死性。

2. 为害症状

成虫、若虫吸食麦叶汁液，受害叶上出现细小白点，后麦叶变黄，麦株生育不良，植株矮小，严重的全株干枯。

3. 防治方法

（1）农业措施

采用轮作倒茬，合理灌溉，麦收后浅耕灭茬等降低虫源。

（2）药剂防治

可喷洒 15％哒螨灵乳油 2000～3000 倍液，或 20％绿保素（螨虫素+辛硫磷）乳油 3000～4000 倍液，或 36％克螨特乳油 1000～1500 倍液，持效期 10～15d。

（三）小麦吸浆虫

1. 发生特点

1 年发生 1 代，以老熟幼虫在土中结圆茧越夏、越冬，3 月上、中旬越冬幼虫破茧上升到地表，4 月中、下旬大量化蛹，羽化后大量产卵为害。一般情况下，雨水充沛，气温适宜常会引起该虫大发生，成虫盛发期与小麦抽穗扬花期吻合发生重，土壤团粒构造好、土质疏松、保水力强也利其发生。

2. 为害部位

花器、籽实和麦粒。

3. 为害症状

以幼虫为害，幼虫潜伏在颖壳内吸食正在灌浆的麦粒汁液，造成秕粒、空壳。是一种毁灭性害虫。

4. 防治方法

（1）农业措施

选种抗（耐）虫品种；选用穗形紧密、内外颖缘毛长而密、麦粒皮厚、浆液不易外流的小麦品种；进行轮作，避开虫源。

（2）药剂防治

麦播时对吸浆虫常发地块，每 667m² 可用 6％林丹粉 1.5～2kg 拌细土 20～25kg，均匀撒施地表，犁耙均匀，可兼治地下害虫。

发生严重的地块要进行蛹期防治。防治时间为小麦孕穗期 4 月 23 日～28 日，每 667m² 用 1.5％小麦吸浆虫绝杀 1 号 2～3kg，均匀拌细土 30kg 撒于地表，撒后浇水防效好。或用 50％辛硫磷乳油，每 667m² 200～250mL 加水 2.5kg，拌细干土 30～35kg，顺垄撒施地面。

卵期，每 667m² 用辛硫磷颗粒剂 2～2.5kg，或 2％西维因粉剂 2.5kg，或 20％林丹粉每 667m² 用 0.5kg，拌细土 25kg 撒施。

成虫期，用4％敌马粉、2％西维因粉每667m²用1.5~2.5kg喷粉，或50％辛硫磷乳油1500倍液，或20％速灭杀丁乳油每667m²用20mL加水50~60kg喷雾。

发生不严重的地块，一定要进行成虫期防治。防治时间在小麦抽穗期至扬花前，即5月1日~10日，每667m²用50％辛硫磷50g加吡虫啉20~30g加水50kg喷雾，既可防治吸浆虫成虫又可兼治早代蚜虫。

（四）地下害虫

为害小麦的地下害虫主要有蝼蛄、蛴、金针虫三种，多发生在小麦返青后至灌浆期。防治方法：

1. 播种前主要是进行种子或土壤处理

（1）种子处理

可用50％辛硫磷、40％乐果乳油等，用药量为种子重的0.1％~0.2％。播种时先用种子重5％~10％的水将药剂稀释，用喷雾器均匀喷拌于种子上，堆闷6~12h，药液将会充分渗透到种子内，可兼治多种地下害虫。

（2）土壤处理

在播前整地时，用药剂处理土壤。经常采用的药剂主要有50％辛硫磷乳油、用量是每667m²施250~300mL；此外，还可采用4.5％甲敌粉、2％甲基异柳磷粉剂或3％甲基异柳磷颗粒剂，用量为每667m²施1.5~2.5kg。用法：乳油和粉剂农药可喷雾或喷粉，还可按每667m²用药量拌20~30kg细土制成毒土撒施；颗粒剂每667m²可拌20~25kg细沙撒施。

2. 出苗后防治地下害虫的方法

（1）撒毒土

每667m²用5％辛硫磷颗粒剂2kg，或3％辛硫磷颗粒剂3~4kg，兑细土30~40kg，拌匀后开沟施，或顺垄撒施后接着划锄覆土，可以有效地防治蛴螬和金针虫。

（2）浇药水

每667m²用50％辛硫磷乳油0.5kg，兑水750kg，顺垄浇施，对蛴和金针虫有特效。

（3）撒毒饵

用麦麸或饼粉5kg，炒香后加入适量水和50％辛硫磷乳油50g，拌匀后于傍晚撒在田间，用量为每667m²施2~3kg，对蝼蛄的防治效果可达90％以上。

三、草害防治

（一）麦田杂草的防治时期

麦田杂草防治有三个时期：

（1）小麦播种后出苗前。

（2）小麦幼苗期（11月中下旬）是防治最佳时期。

（3）小麦返青期（2月下旬至3月中旬）是麦田杂草防治的补充时期。

（二）防治方法

小麦幼苗期施药效果最佳，此时杂草已基本出土，杂草组织幼嫩，抗药性差，日平均气温在10℃以上药剂能充分发挥药效。

防除播娘蒿、荠菜、藜等阔叶杂草，每667m²用10％苯磺隆可湿性粉剂15g左右，兑水30~40kg喷雾，防除节节麦、野燕麦、雀麦草等禾本科杂草，每667m²用3％世玛油悬剂20~30mL，加水25~30kg喷雾；也可使用云鹊100mL+仓喜/仓喜1号/仓喜2号兑水15kg进行喷雾防治。

第四节　小麦综合生产技术

一、春小麦高产种植技术

（一）整地，做畦，施肥

小麦地要在冬前施足农肥、耙平，墒足，无杂草、坷垃。畦宽一般为1.2~1.3m，长20~40m。每667m²施优质农肥3000kg以上，平施翻耙。在立冬至小雪期间，每667m²灌水80m³左右，土壤上层含水量达到17％~18％，下层含水20％。

（二）选用良种，做好种子处理

水浇地选择矮秆抗倒品种；旱地选用耐旱品种。通过风，或用盐水浓度18％~20％、泥水选出优质种子。在播种前7~10d，选晴天晒种2~3d，达到皮干燥，减轻病虫害，提高发芽率，增强发芽势。药剂拌种防病虫害。

（三）适期早播，提高播种质量

春小麦的适宜播种期一般在3月10日~25日。土壤化冻5cm，即可顶凌播种，在温度回升较晚的年份，要抓住温度回升之头，赶到寒流到来之前抢种。

播种量：水浇地每667m²保苗不少于40万~45万株，旱地35万株左右，每667m²用种量为20~22kg。

（四）合理密植

一般习惯上采用高播量，高密度，以籽保苗，以苗保穗，依靠主茎成穗夺取高产。以主茎为主，同时争取适当分蘖是春小麦增产的中心环节。行距25~30cm，播种深度3~4cm。开沟要直、深浅一致，撒籽均匀，覆土一致严实。播后要及时镇压，力争苗全、苗齐、苗壮。

（五）肥水管理

1. 科学施肥

整地未施肥的地块，可在播种时每667m²施1000kg优质农肥。化肥每667m²施磷酸二铵10~15kg或含氮、磷、钾及多种微量元素的复合肥每667m²施25~30kg。2叶1心时每667m²施追标氮50~60kg；孕穗期每667m²施追标氮10~15kg，孕穗至开花间叶面喷肥。施用0.2％~0.3％磷酸二钾或1％尿素。每667m²施50kg肥液，喷1~3次。

2. 适时灌水

一般须灌水3~5次。2叶期灌水：2叶1心时小麦开始穗分化，结合追肥灌水，促进大穗。拔节水：拔节水要巧灌。如植株健壮，土壤肥力充足，墒情较好，可不灌或少灌，必须灌水也要清灌或适当推迟2~3d少灌。孕穗水：及时灌水可使其发育健全，提高结实率，增加穗粒数。灌浆水：可防止小麦上部叶片早枯，增强抗干热风的能力，增加籽粒的千粒重。麦黄水：灌水可改善田间小气候，增加土壤及空气湿度，避免高温逼热。

（六）加强田间管理

1. 前期中耕。麦苗长到2~4片叶时，横搂松土1~2次，深2~2.5cm，可提高地温、促进根系发育。

2. 压青苗促分蘖。当小麦长到2~3叶时，踩或压青苗1~2次。

3. 化学除草，防治病虫害。

4. 喷矮壮素。120g 矮壮素，加水 50kg 喷雾。麦苗 3~4 叶时，在分蘖末期、拔节始期喷施效果最好。

5. 排涝：田间积水及时排掉，防止根系因缺氧过早枯死。

（七）适时收获

最佳时期为蜡熟期，此时小麦籽粒的干物质积累到最大值，加工面粉质量最好。

二、旱地小麦高产种植技术

旱地小麦高产一看品种、二看肥力、三看管理，三者结合，才可实现以种抗旱、以肥治旱，培肥保水，配套高产栽培，最大限度地提高单产水平及增产潜力。从品种高产栽培来讲，须强调几个要点：

（一）播种，培育壮苗

增加冬前有效分蘖和次生根量，提高成穗数和根系抗旱能力，为丰产打下基础。避免播种过早，否则幼苗易受虫病危害，并导致冬前旺长，耗水费肥易冻害；但也不宜播种过晚，否则出苗迟缓，苗弱不齐，冬前蘖少蘖小根系不良，易受冻害且成穗减少。南部麦区小麦适播期掌握在 9 月下旬至 10 月初，气温指数以冬性品种 16~18℃、半冬性品种 14~16℃开播为宜。

（二）适当稀播

依照品种特性和播期温度墒情，合理确定播量，协调产量三因素结构，以提高成穗率，充分发挥现有品种穗较大、穗粒多、粒重高的增产潜力，实现高产粒饱商品性好的高效种植目的。避免播量过大而致个体生长竞争，苗不壮、分蘖少，根不足，株高增加而倒伏等问题。

（三）培肥保水

培肥保水即氮磷配合施足底肥，加强冬春保墒管理（比如，暖冬镇压、早春顶凌耙糖等），通过培肥保墒，有利于提高地下部根系活力良好吸水和地上部抗旱生长高效用水，达到以肥治旱、以种抗旱之目的。

（四）及时防治病虫草害

及时防治病虫草害主要是合理施用除草剂和及时及早防治病虫害，降低病虫基数，降低防治成本，提高防治效果。

三、小麦地膜覆盖生产技术简介

（一）小麦地膜栽培模式

膜侧条播适宜于旱地和不保灌的水地；膜上穴播适宜于年平均降水 400mm 以上，7、8、9 月三个月降水在 240mm 以上旱地或补充灌溉区。

（二）选地整地

要选择地势平坦、土层深厚、肥力中上等、土质较疏松的沟坝地、梯田地、垣面地。

精细整地播前 15d 左右施足底肥，浅耕耙糖，达到上虚下实、地面平整，做到无坷垃、无根茬、无杂草，田面平整，上虚下实，人踩上去淹鞋底而不淹鞋帮。

（三）施足底肥，测土配方施肥

有机肥可结合播前整地一次深施，化肥以基肥形式，可结合覆膜播种机械条施，也可结合播前整地一次施入。要根据测土配方施肥建议卡施肥，全部底施，不再追肥。一般要求每 667m² 施农家肥 2000～3000kg，化肥氮磷比为 1：（0.6～0.8），并增施一定量的钾肥，施肥总量比露地栽培增施肥料 20％左右。

（四）起垄覆膜

铺膜播种机可根据地块选用，如果地块较大、平整，要选用四轮车牵引的一次铺二膜播四行小麦的机械或四轮车牵引的一次铺三膜播六行小麦的机械。如果地块较小，可选用手扶或犁地机牵引的一次铺一膜播两行小麦的机械。

1. 膜侧条播

（1）起垄

按 60cm 一个带型，30cm 起垄覆膜，30cm 作为种植沟。在种植沟内距垄膜两侧 5cm 处各种一行小麦，小麦间距 20cm。垄底宽 25～30cm，高 10cm 左右，垄顶呈弧形，垄的条带宽度要一致。

（2）覆膜

用 40cm 宽地膜覆盖垄面，把地膜拉直使其紧贴垄面，再把膜两边压入垄侧土中 5～10cm、隔 3～4m 在膜上打一个土腰带以防大风揭膜。一般选用厚 0.007mm 的地膜，每 667m2 用量为 3kg。

（3）播种

用机引或畜力起垄铺膜播种机。在适播期一次完成化肥深施、起垄、铺膜、播种、镇压等工序。做到下籽均匀、深浅一致，播深3~4cm。表墒欠缺时播深5cm。

2. 膜上穴播

（1）覆膜

选用规格为140cm×（0.005~0.007）mm和75cm×（0.005~0.007）mm的低压高密度聚乙烯地膜。每667m2用量为3~3.5kg。注意膜定要与播种机相配套。墒情合适时，随播随铺；底墒足、表墒差时，则提前7d左右铺膜提墒。机械铺膜和人工铺膜均可。每隔2~3m在膜面压一横土带，以防大风揭膜。

（2）播种方法

机械覆膜播种一次完成，选用机引7行穴播机，采用幅宽140cm地膜，每幅膜上种7行，行距20cm，穴距10~11cm，膜间距25cm左右，播深3.5~4cm。

盖膜播种的同时，若膜两边有漏风部分要用土压实，每隔3~4m在膜上打一土腰带，防大风揭膜。

（五）选用适宜品种

宜选用分蘖力强、成穗率高、穗大粒多、丰产性好的品种。

（六）适期播种

地膜小麦播种期可比露地小麦适当推迟5~7d，播种期9月30日至10月10日为宜，同时，根据当时墒情和降雨适当提前和推后2~3d。

膜侧条播。应比当地露地小麦的适宜播期推迟5d左右。

膜上穴播。应比当地露地小麦适宜播期推迟7~10d。

地膜春小麦。可较露地小麦适宜播期提前15~20d。

（七）播量和播深

播种量适当降低，一般每667m²播种量为7~9kg。播深以6cm为宜。

（八）田间管理

1. 播种后要加强越冬期间的地膜保护，防止大风揭膜，防止人畜踩膜。

2. 查苗补缺：出苗后及早查苗，断垄20cm以上，空穴5%以上时，及时用催芽种子进行补种；过稠的撮撮苗要疏苗间苗，达到苗匀。

3. 及时掏苗：对穴播因操作不当或大风鼓膜造成苗孔错位、压苗，要在小麦苗高 5cm（3 叶期）后及时人工掏苗，用手或小铁丝钩轻轻将苗掏出膜孔外，并在膜孔处压少量土封好膜孔，防风揭膜造成二次掏苗，返青期若仍有膜压苗现象，应再次放苗封孔。

4. 加强护膜：播种出苗以后，及时对破损地膜压土封口，严防人畜践踏。

5. 春季巧管：①春季早管。地膜小麦返青比大田早 7~10d，所以，在膜侧麦行间顶凌耙糖，中耕保墒都要提前进行，以保返浆水。②化控。地膜小麦一般比露地小麦植株增高 10cm 左右，在多雨年份应注意防止倒伏。拔节初期可用 50％矮壮素兑水 50kg 或 20％壮丰安 25~30mL 兑水 20~30kg 叶面喷洒。③叶面喷肥，在拔节、孕穗、灌浆期，可叶面喷施 0.3％磷酸二氢钾或 3％尿素水溶液。④要做好病虫草害防治工作。地下害虫多的地块，整地时要施入杀虫农药或药剂拌种；杂草多的田块，要在越冬前或返青起身后结合防病治虫喷施除草剂。

6. 搞好"一喷三防"工作。地膜覆盖小麦中后期发育较快，容易出现脱肥早衰，从拔节后至灌浆期，要进行喷肥、喷药，配施 0.3％的磷酸二氢钾液、1％~1.5％的尿素溶液或水溶性有机肥"植物活力久久"300 倍液，可防蚜虫危害、防脱肥早衰、防干热风侵袭。

7. 提早揭膜。在小麦灌浆后期，即籽粒形成后，进行提早揭膜，降低地温。

（九）地膜回收

麦田揭膜后，及时将地膜回收清理，寻找变卖出路，严禁焚烧地膜或将地膜储存在地头，防止地膜挂树头、留地头，田间地膜要清理干净，防治农田污染，减少"白色污染"，确保生产安全。

（十）及时收获

在小麦籽粒蜡熟期及时进行收获，防落粒、防遇雨霉变。

第三章　玉米生产技术

第一节　播前准备与播种技术

一、肥料、农药、农膜等生产资料的准备

（一）肥料的准备

1. 有机肥的准备

有机肥指各种农家肥，如人粪尿、饼肥、厩肥、堆肥、绿肥、土杂肥、生物肥料等。其特点：养分全面，肥效持久；含有机质较多，可改良土壤，增加土壤保水、保肥、供肥的能力；有益微生物较多，能够促进和调控作物生长，增强作物的抗逆、抗病能力，属于完全肥料。但养分浓度太低，有机质分解缓慢，所以，施用前必须充分腐熟杀菌。一般做基肥（底肥）。

2. 无机肥的准备

无机肥又称化肥。即通常说的氮（N）肥、磷（P）肥、钾（K）肥。养分含量较高，易溶于水，分解较快，易被作物吸收，但成分单一，肥效不持久，易流失，长期单一施用易造成土壤板结，且过量施用产生严重的环境问题。在生产上多施用 NPK 复合肥或注意 NPK 配施。复合肥料的有效成分一般用 $N-P_2O_3-K_2O$ 来表示，如在肥料袋上写有 20—10—10 表示含氮 20％、含磷 10％、含钾 10％的三元复合肥。故在施用复合肥做底肥或追肥时应选择有效成分高的种类。

在玉米生产上，常用的复合肥有：磷酸铵、磷酸二氢钾、硝酸钾等。

（二）农药的准备

农药的种类和品种很多，根据防治对象不同，大致分为杀虫剂、杀螨剂、杀菌剂、杀

线虫剂、除草剂、杀鼠剂、植物生长调节剂等。

为害玉米的害虫有蝼蛄、蛴、金针虫、小地老虎、玉米螟、黏虫、红蜘蛛等，准备能杀死这些害虫的农药，如敌敌畏、吡虫啉、高效氯氰菊酯、阿维菌素、敌杀死等。

玉米的病害有：大斑病、小斑病、丝黑穗病、黑粉病、黄花叶病等。准备一些高效杀菌剂如粉锈宁、多菌灵、甲基托布津、福美双、菌核利等。

除草剂：乙草胺、莠去津（阿特拉津）、2，4-D 丁酯、苞卫等。

（三）农膜的准备

随着保护地栽培技术的发展，地膜的种类不断增加，在生产上常用的地膜主要是聚乙烯地膜。地膜幅宽有 85cm、90cm、140cm 等。此外还有透明地膜、有色地膜、锄草膜、降解膜等。

二、种子准备

（一）良种的概念

优良品种简称良种，包括优良品种和优质种子两种含义，即优良品种的优良种子。

优良品种：是指能够比较充分利用当地的自然、栽培环境中的有利条件，避免或减少不利因素的影响，并能有效解决生产中的一些特殊问题，表现为高产、稳产、优质、低消耗、抗逆性强、适应性好，在生产上有其推广利用价值，能获得较好的经济效益的品种。玉米优良品种在粮食产量中的科技贡献率在 40％以上，所以，选用优良品种是玉米生产的一个重要环节。

（二）良种的作用

1. 提高单产。优良品种一般都具有较大的增产潜力，在环境条件优越时能获得高产，在环境条件欠缺时能保持稳产。

2. 改善和提高农产品品质。优良品种的产品品质较优，更符合经济发展的要求，有利于农民增产增收。

3. 抗病力和抗逆性增强。优良品种对常发的病虫害和环境胁迫具有较强的抗耐性，在生产中可减轻或避免产量的损失。

4. 扩大种植面积。优良的品种有较强的适应性，还具有对某些特殊有害因素的抗耐性。

5. 有利于机械化生产，能提高劳动效率。

（三）选择优良品种的原则

选择优良品种的基本原则：选用的优良品种最能适应当地的自然条件和生产条件。具体做法如下：

（1）作为主栽品种必须是通过国家、省级审定的推广品种。

（2）熟期适宜，一般而言，选择的品种要求正常生理成熟或达到目标性状要求（速冻玉米能加工、青贮玉米则达到乳熟末或蜡熟初期）。

（3）具有较高的丰产性。产量的高低是衡量一个品种好坏的重要标志之一，无论是籽粒产量，还是生物产量（主要指青贮玉米含玉米穗、茎、叶全株），都要有很好的丰产性。

（4）具有很好的稳产性。一个稳产性的品种，在不同的地点、不同的年际间产量波动不大。它既反映品种丰产性能，又是该品种对当地自然条件的适应性的体现。

（5）较好的品质。它主要根据种植者的目的决定。如以籽粒为目的，则注重商品品质要求、容重、色泽等，工业加工淀粉用则是以加工品质（淀粉含量高）为主，食青玉米穗（或速冻、上市）则考虑食用品质。

（6）抗病、抗逆性强。选择的品种要抗当地的主要病害，对当地经常发生的自然灾害，如干旱、低温等具有较强的抗逆性。

（四）优良品种

由于品种具有区域性，不同品种对环境条件的适应性不同，不同地区需要不同类型的品种，购种前，一定要充分了解当地的自然情况和生产条件、种植制度，确定所选品种类型。如无霜期短，选早熟品种；土壤肥沃，水利设施好，选高产耐肥耐密品种。同时，根据种植密度确定优良种子的数量。每 $667m^2$ 种植密度为高密 4000～4200 株、中密 3500～3800 株、低密 2800～3000 株。

1. 先玉335

该品种比农大 108 早熟 5～7d，生育期 123～125d，幼苗叶鞘紫色，叶片绿色，叶缘绿色。株型紧凑，穗长 18.5cm，株高 286cm，穗位高 103cm，全株叶片数 19 片左右。百粒重 34.3g，抗茎腐病，中抗黑粉病、弯孢菌叶斑病，感大斑病、小斑病、矮花叶病和玉米螟。一般每 $667m^2$ 产量 750kg 左右。

栽培要点：每 $667m^2$ 适宜密度为 4000～4500 株。适当增施磷钾肥。

2. 大丰26

该品种生育期130d左右，叶色深绿，株型紧凑，茎秆坚硬，气生根发达，活秆成熟，果穗筒型，出籽率高，籽粒半硬粒型，不秃尖，高抗茎腐病、中抗大斑病、抗穗腐病、矮花叶病、粗缩病、感丝黑穗病。

栽培要点：每667m²适宜密度4000株左右。该品种生长期较长，一定要在水浇地种植。要注意防治丝黑穗病。

3. 强盛51

该品种株高275cm，穗位105cm，穗长19.6cm，穗行14~16行，行粒数43粒，籽粒黄色，半马齿型。抗小斑病、中抗穗腐病、矮花叶病、粗缩病、感丝黑穗病、茎腐病。一般每667m²产量650~700kg，2009年创单产纪录每667m²产量1224.9kg。

栽培要点：适宜播期4月下旬至5月上旬，每667m²留苗密度3500~4000株，每667m²施底肥35kg复合肥，种肥7kg磷酸二铵，追施20kg尿素，注意防治丝黑穗病和茎腐病。

4. 大丰30

该品种生育期127d左右。株型半紧凑，总叶片数21片，株高325cm，穗位110cm，果穗筒型，穗轴深紫色，穗长18.8cm，穗行数16~18行，籽粒黄色，粒型马齿型，百粒重40.5g，出籽率89.7%。中抗茎腐病、感丝黑穗病、大斑病、穗腐病、矮花叶病、粗缩病。

栽培要点：适宜播期4月下旬；每667m²留苗密度4000株；每667m²施优质农家肥3000~4000kg，拔节期追施尿素40kg。

5. 潞玉36

该品种生育期128d左右。株型半紧凑，总叶片数21片，株高245cm，穗位90cm，果穗筒型，穗轴白色，穗长23.5cm，穗行数16~18行，行粒数45粒，籽粒橘黄色，粒型半马齿型，百粒重38g，出籽率87.8%。抗茎腐病、矮花叶病、感丝黑穗病、大斑病、穗腐病、粗缩病。

栽培要点：选择中等偏上地力种植；每667m²留苗密度为3500~4000株；每667m²施农家肥1500kg，N、P、K化肥配合施用；拔节期追尿素每667m²施15~20kg。

6. 潞玉19

该品种株型紧凑，叶片稀疏，株高296cm，穗位107cm，雄穗分枝4~5个，果穗筒型，穗长18.8cm，穗行16~18行，行粒数36.5粒，百粒重35.3g，出籽率87.5%，穗轴红色，籽粒黄色、半马齿型。抗穗腐病，中抗大斑病、青枯病、粗缩病，感丝黑穗病、矮花叶病。一般每 667m² 产量 800kg 左右。

栽培要点：选择中等偏上地力种植，适宜播种期 5 月 1 日左右，每 667m² 留苗密度 4000 株；施足底肥；拔节期追尿素每 667m² 施 15~20kg。

7. 并单 6 号

该品种生育期在太原 90d 左右，较对照晋单 43 号早熟 3d 左右。幼苗叶鞘紫色，长势强。植株较低，生长整齐，株型半紧凑，株高 170cm，穗位高 60cm 左右，叶色浅绿。花药粉色，花丝紫色，雄穗较发达。果穗长 17.5cm，行粒数 35 粒左右，穗行 16 行，穗轴白色，籽粒黄色，半马齿型，百粒重 33.2g。抗茎腐病、穗腐病、矮花叶病和粗缩病、感丝黑穗病、大斑病和小斑病。抗旱抗倒伏，保绿性好。平均每 667m² 产量 450kg。

栽培要点：留苗密度每 667m² 产量 3500 株。

（五）优质种子

种子质量包括净度、纯度、发芽率、水分。根据国家种子质量标准规定，优良玉米种子发芽率≥95％、净度≥98％、纯度≥96％、水分≤13％。生产用种必须达到这一要求。

三、土壤准备

（一）玉米高产需要的土壤环境

1. 熟化土层深厚（20~40cm），土壤结构良好。一般玉米根系条数达 50~120 条，主体根系 95％集中分布在 0~40cm 的土层。要求土层深厚，利于根系生长。

2. 疏松通气，上虚下实，沙壤土较好。

3. 耕层有机质和速效养分含量高，玉米所需养分的 60％~80％来自土壤，从肥料中吸收的只占 20％~40％，因此，土壤肥沃是高产的基础。

4. 土壤 pH 值适宜范围为 5~8，最适 pH 为 6.5~7.0。

5. 土壤渗水，保水性能好，微生物活动旺盛，适耕期长，整地质量好。

（二）整地

整地包括秋深翻和春整地。主要作业包括浅耕灭茬、翻耕、深松耕、耙地、粉地、镇压、平地、起垄、做畦等。目的是创造良好的土壤耕层构造和表面状态，协调水分、养分、空气、热量等因素，提高土壤肥力，为播种和作物生长、田间管理提供良好条件。

四、肥料准备

（一）玉米对养分的需求

玉米茎叶繁茂，是需肥较多的作物。对 N、P、K 三大元素的需求中，N 最多，K 次之，P 最少。据研究表明，玉米每生产 100kg 籽粒须吸收 N、P、K 的比例为 N：P_2O_5：K_2O 为 2.5：1.0：2.5。由于玉米对营养元素的吸收受土壤、气候、品种、施肥技术等方面的影响，加之肥料施入土壤后，养分会因挥发、随水渗漏、土壤固定等损耗，不能全部被玉米吸收利用，所以，在施肥时一定要加大施肥量。

1. 氮素

研究证明，玉米各生育期吸收氮素的比例：苗期占 5％；拔节至抽雄期为 38％；扬花授粉期占 20％；乳熟期占 11％；灌浆后期占 26％。

2. 磷素（P_2O_5）

玉米对磷素吸收量较少，但它对玉米生长发育十分重要。玉米在不同生育期吸收磷（P_2O_5）的比例为：苗期占 5％；拔节期至喇叭口期占 18％；扬花授粉期占 27％；灌浆至乳熟期占 35％；灌浆后期占 21％。其规律为前期少、后期多，在灌浆至乳熟期达高峰。

3. 钾素

钾素是玉米生长发育所需要的重要元素，它可以促进碳水化合物的合成和运转，提高抗倒伏能力，使雌穗发育良好。玉米在不同生育期吸收钾的比例为：苗期占 5％；拔节至喇叭口期占 22％；扬花授粉期占 37％；灌浆前期占 15％；灌浆后期占 21％。由此看出，玉米需钾高峰在拔节后至扬花授粉期，约占全生育期吸收量的 59％。这时期是玉米雄穗分化到授粉结实初期，说明钾素对玉米的穗分化和授粉结实起重要作用。

总之，玉米不同生育时期吸收的 N、P、K 的数量是不同的，一般来说，幼苗期生长缓慢，植株小，吸收养分少，拔节至开花期生长快，此时正值雌、雄穗形成发育时期，吸收养分速度快、数量多，是玉米需要养分的关键时期。在此时供给充足的营养物质，能够促进穗多，穗大。到生育后期吸收速度缓慢，吸收量也少。

4. 微量元素

对玉米影响较大的微量元素有锌、锰、铜、钼等。其中，以需求锌最为突出，吸收的量最多，其次是锰和硼。

（二）施肥

1. 施肥方法

（1）氮

氮素在土壤中易随水流失或渗透，为提高肥效，应根据玉米的需肥规律分期施用。在水地上，60％的氮肥与有机肥混合做基肥，其余40％的氮肥应在拔节期和大喇叭口期结合浇水施入。在旱地上，因追肥困难一般将85％的氮肥与有机肥混合做基肥，10％~15％的氮肥在拔节期和大喇叭口期降雨后趁墒足时施入。

（2）磷

磷素易被土壤固定，在微酸性环境下才易被根系吸收。特别是过磷酸钙肥料应与农家肥混合均匀一起堆沤做基肥，氮磷复合肥也通常做基肥，若生长后期缺磷，应用0.3％~0.4％的磷酸二氢钾溶液或1％~2％的过磷酸钙浸出液做叶面喷肥。

（3）钾

钾素在土壤中移动性较弱，一般钾肥与农家肥混合做基肥，常用钾肥主要是硫酸钾和氯化钾，有时也可做追肥或叶面喷肥。

2. 基肥

基肥也称底肥。是在播种或移植前施用的肥料，通常在耕翻前或耙地前施入土壤，可调节玉米整个生长发育过程中养分的供应。玉米的基肥以有机肥为主，化肥为辅，氮、磷、钾配合施用。

3. 种肥

施用种肥可满足苗期对养分的需要，有壮苗的作用。种肥采取条施，在施用时一定要与种子隔离，防止烧苗。种肥以速效氮肥为主，适当配合磷、钾肥以提高其肥效，当氮、磷、钾肥混合做种肥时，施肥量要比单施酌减。

4. 追肥

玉米是一种需肥较多和吸肥较集中的作物，出苗后仅靠基肥和种肥还不能满足拔节孕穗和生育后期的需要。玉米追肥时期依据玉米吸肥"前少中多后少"的规律确定。追肥的次数、数量依据土壤肥力、施肥数量、基肥和种肥施用情况及生长状况而定。追肥可分苗肥、穗肥、粒肥。

五、播种技术

（一）确定播种期

确定玉米适宜播种期必须考虑当地的温度、墒情、品种特性以及土壤、地势、耕作制度，既能充分利用有效的生育季节和有利的生长环境，又要充分发挥高产的特性。春播玉米的适宜播期使玉米需水高峰期与当地的自然降雨集中期相吻合，避免"卡脖旱"和后期涝害。

玉米是喜光、喜温的作物。一般土壤耕作层 5~10cm 地温稳定在 10~12℃，土壤田间持水量 60％以上为玉米的最适播期。

（二）播种

玉米"缺株"就意味着"缺产"，玉米小苗、弱苗的生产能力只有 13％~30％，提高播种质量对于玉米生产至关重要，所以，玉米"种好是基础，管好是关键"，只有做到"五分种，五分管"，玉米才能夺高产。

1. 播种方法

玉米播种的方法有点播、条播。

（1）点播

按计划的行、株距开穴，施肥、点种、覆土。较费工。

（2）条播

一般用机械播种，工效较高，适用于大面积种植。生产上通常采用"机械精量播种"。

玉米精量播种技术——是利用精量播种机将玉米种子按照农艺要求，株（粒）距、行距和播深都受严格控制的单粒播种方法。省种、省工，可提高密度和整齐度。玉米精量播种是一个技术体系，应用条件：①种子大小一致，以适应排种器性能要求；种子质量合乎标准，确保出苗率；种子经包衣剂处理，以防治病虫害。②有先进、实用精量播种机。③土壤条件好，整地质量达规定要求。④有配套播种工艺和田间管理技术。

2. 种植方式

在生产上常用两种方式：宽窄行种植，等行距种植。

（1）宽窄行种植

宽窄行种植也称大小垄，行距一宽一窄。生育前期对光能和地力利用较差，在高密度、高肥水的条件下，有利于中后期通风、透光，使"棒三叶"处于良好的光照条件之下，有利于干物质积累，产量较高。但在密度小，光照矛盾不突出的条件下，大小垄就无明显的增产效果，有时反而减产。目前可采用宽行距 67～70cm（或 80～90cm）、窄行距 30～33cm（或 40～50cm）。

（2）等行距种植

玉米植株抽穗前，叶片、根系分布均匀，能充分利用养分和阳光。在高肥水、高密度条件下，生育后期行间郁闭，光照条件差，群体个体矛盾尖锐，影响产量提高。一般行距 60～70cm，植株分布均匀。

3. 种植密度

玉米种植密度要根据品种特性、气候条件、土壤肥力、生产条件等来确定。合理密植的原则有以下几个方面：

（1）根据品种特性确定

紧凑型品种宜密，反之则宜稀；生育期短的品种宜密，反之则宜稀；

小穗型品种宜密，反之则宜稀；矮秆品种宜密，反之则宜稀。

（2）根据水肥条件

同一品种肥地易密，瘦地易稀。旱地适宜稀，水浇地适宜密。

（3）根据光照、温度等生态条件确定

玉米是喜温、短日照作物。短日照、气温高条件易密，反之宜稀；南方品种宜密，北方品种宜稀；春播宜稀，夏播宜密。

根据种植习惯和肥力水平，高水肥地每 $667m^2$ 产量 4000～4500 株，中等地力每 $667m^2$ 产量 3500～4000 株，中等肥力每 $667m^2$ 产量 3000 株左右。

4. 播种深度

播种深浅要适宜，覆土厚度一致，以保证出苗时间集中，苗势整齐。一般玉米播深以 4～6cm（华北）或 3～5cm（东北）为宜，墒情差时，可加深，但不要超过 10cm。

5. 播后处理

播种工作结束后，播种后的处理也是保证苗全、齐、匀非常重要的一个步骤。

（1）播后镇压

玉米采用播种机播种后要进行镇压，有利于玉米种子与土壤紧密接触，利于种子吸水出苗。墒情一般播后及时镇压；土壤湿度大时，等表土干后再镇压，避免造成土壤板结，出苗不好。

（2）喷施除草剂

根据杂草种类和为害情况确定使用除草剂的类型和用量。播后苗前施药，土壤必须保持湿润才能使药剂发挥作用，如在干旱条件下施药，除草效果差，甚至无效。在玉米播种后出苗前，喷 50％乙草胺乳油 100~150mL；喷施阿特拉津+乙草胺的混合药 150~300mL，除草效果比较好。

第二节　田间管理

玉米田间管理是根据玉米生长发育规律，针对各个生育时期的特点，通过灌水、施肥、中耕、培土、防治病虫草害等，对玉米进行适当的促控，满足玉米不同生育时期对水分、养分的需要，调整个体与群体、营养生长与生殖生长的矛盾，保证玉米健壮地生长发育，从而达到高产、优质、高效的目标。

根据玉米生育规律，玉米田间管理可分为苗期、穗期、花粒期三个时期。

一、苗期田间管理

（一）苗期生育特点、主攻目标

生育特点：以生根、长叶、长茎节为主的纯营养生长，是决定叶片和茎节数目的时期；生长中心是根系，其次是叶片，茎叶生长缓慢，根系发展迅速，到拔节期达最高峰，根系生长量占玉米根系总量的 50％；是玉米耐旱性最强时期，也是提高玉米整齐度的关键时期。

营养物质运输的主要方向：根系。

主要特性：耐旱怕涝怕草害。因此，苗期适当干旱，土壤疏松，有利于根系生长。

主攻目标：促进根系发育，培育壮苗，达到苗全、苗齐、苗匀、苗壮的"四苗"要求，为玉米丰产打好基础。

（二）苗期生长发育的环境条件

1. 温度

玉米出苗适宜的温度 15~20℃；地温 20~24℃时有利于玉米根系的生长，低于 4~5℃根系生长停止。

2. 水分

适宜的土壤含水量为田间持水量的 60％，需水量占总需水量的 18％以下，如果土壤含水量多，通气不好，影响根系生长。

3. 养分

玉米苗期需肥量少，需肥量占总需肥量的6％~8％，如果底肥充足，苗期无须追肥。

4. 注意问题

（1）苗期易造成缺苗断垄

缺苗就会减产，缺苗断垄的原因有以下几个方面：

①不进行秋深耕，翌年春天旋地、整地、播种一次完成，土壤熟化时间短，土壤孔隙大，种子与土壤不能紧密接触，而且春季气温回升快，风多风大跑墒严重，影响播种出苗。若是旱地种植，不进行耙粉，土壤坷垃多、坷垃大，地面高低不平，增加了透风跑墒程度，影响了出苗。

②播种期偏早：播种早会因地温低使种子发芽慢，或出弱苗，植株易染病或出现粉籽烂种现象，形成缺苗断垄。

③播种量小：精量播种机的使用，用种量相对减少，加之干旱、堵塞机械下种眼、地温低、整地质量差等，造成出苗不整齐以及缺苗断垄。

④种子质量差：播种的种子质量不符合国家种子质量标准；在播种前也没有晒种、精选种子，没有剔除秕粒、病虫粒，没有按种子大小分级，没有按种子级数播种，就会出现缺苗断垄现象。

⑤底墒不足不匀：土壤墒情不足或不匀。

⑥播种方法不当：不当的播种方法能使土壤水分散失、播种太深、覆土太厚或太浅、播种深浅不一等，更有漏播现象，都会造成缺苗断垄。

⑦播种深度不适：只有播种深度适宜、深浅一致，才能保证苗齐、苗全、苗匀。播种过深，出苗时间长，消耗养分多，出苗后瘦弱或幼苗不能出土圈在地表下；播种过浅，容易吹干表土，不能出全苗；播种深浅不一，有的出苗早，有的出苗晚或不能出苗。

⑧播后不镇压：若是楼播、犁播或人工开穴点播，覆土厚度不均匀一致，播后不进行镇压，使种子与土壤接触不良，影响水分的吸收从而导致缺苗断垄。

⑨施肥不当：施肥量过大，或肥料距离种子太近，出现肥料烧籽或烧苗。

⑩施用除草剂不当：

A. 不按照说明施用，或浓度太高、用量过大，产生药害；或喷施时间不对，或前茬施用对玉米有害的除草剂造成残留影响；玉米田旁边喷施对玉米有害的除草剂形成雾滴飘移影响。

B. 雨前施药，大雨将药液冲刷，造成地势高的地方流失，地势低的地方聚集，产生药害。

C. 施药间隔期短，同一块玉米田使用两种药剂时，间隔时间短也会产生药害。

D. 喷施过别的作物除草剂后没有及时清洗药械，发生药剂连锁反应影响了出苗。

E. 废旧的除草剂瓶、袋没有妥善销毁，随手扔于水沟、池塘内，导致使用塘水造成药害。

（2）玉米幼苗对环境条件反应敏感

管理不及时或管理不当，容易形成大小苗、弱苗、病残苗。

二、穗期田间管理

（一）孕穗期、棒三叶、玉米需水临界期

1. 孕穗期

孕穗期是指抽雄穗前10d左右。

2. 棒三叶

玉米果穗叶及其穗上叶、穗下叶称为棒三叶。棒三叶的叶面积最大，功能期最长，其光合产物最多，主要供应果穗，对果穗的发育和籽粒的灌浆成熟作用尤为突出。

3. 玉米需水临界期

抽穗前2~3周（孕穗期）即大喇叭口期是玉米需水分临界期。

（二）穗期生育特点、主攻目标

生育特点：拔节开始，茎叶旺盛生长，根系继续扩展，雄穗、雌穗先后迅速分化，是营养生长与生殖生长并进期，是玉米一生中生长发育最旺盛的阶段，也是玉米一生需水、需肥量最多的时期，这一阶段是决定玉米穗数，穗的大小、可孕花、结实粒数多少的关键时期，所以是玉米田间管理的关键期。

营养物质的运输方向：茎叶、雌雄穗。

主攻目标：通过水肥等促进中、上部叶片增大，使棒三叶的光合产物最多，达到壮秆、穗多、穗大、粒多的丰产长相。

具体措施：追肥、灌水、中耕培土。

（三）玉米穗期对环境条件的要求

1. 温度

拔节时日平均温度在22~24℃，既有利于植株生长，又有利于幼穗分化。在15~27℃

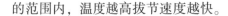

的范围内，温度越高拔节速度越快。

2. 日照

穗期特别是大喇叭口期到抽雄期，要求充足的光照条件，以利于植株干物质积累和体内碳氮代谢的平衡协调。

3. 水分

玉米是需水较多的作物，穗期对水分的需求十分迫切，此期需水量占玉米一生需水量的23％~32％，土壤含水量应保持在最大持水量的70％左右。抽雄前10d进入水分最敏感时期，缺水则造成"卡脖旱"。

4. 养分

从拔节开始，玉米对营养元素的需求量逐渐增加，此期占全生育期吸氮量的60％~65％，磷占55％~65％，钾占85％左右，所以，重施穗肥是实现高产必不可少的关键措施之一。

三、花粒期田间管理

（一）花粒期生育特点、主攻目标

生育特点：根、茎、叶营养器官生长停止，进入纯粹生殖生长，经过开花、受精进入籽粒产量形成为中心的阶段，是决定籽粒数和粒重的关键时期。

籽粒产量80％~90％是在此期产生。

营养物质运输方向：果穗，籽粒。

主攻目标：提高总结实粒数和千粒重。

栽培重心：养根保叶，防止早衰，争取粒多、粒重，达到丰产。

（二）玉米花粒期对环境条件的要求

1. 温度

玉米在抽穗开花期适宜的日平均温度为25~26℃，灌浆期最适宜的日平均温度为22~24℃，如果温度低于16℃或高于25℃，养分的运输和积累就不能正常进行。

2. 水分

开花期玉米对水分反应敏感，此期水分不足，易形成秃尖、秕粒。土壤含水量应保持在最大持水量的80％~85％，水分不足则抽雄开花持续时间短，直接影响受精结实。受精到其后20d左右是玉米水分需求量最大、反应敏感的时期，水分不足使籽粒膨胀受限，也限制了干物质向籽粒的运输和积累，导致败育籽粒增多，穗粒数和千粒重同时降低。

3. 养分

抽雄开花期玉米对营养元素的需求量也达到了盛期，此期占全生育期氮、磷吸收量的20%，钾占28%左右；籽粒灌浆期同样需要吸收较多的养分，此期吸收的氮占全生育期吸收量的45%左右。

四、防止空秆、倒伏

（一）空秆、倒伏的概念

空秆和倒伏是影响玉米产量的两个重要因素。

1. 空秆

玉米空秆是指玉米植株未形成雌穗，或形成雌穗，雌穗不结籽粒，即有秆无穗或有穗无粒的植株。

2. 倒伏

倒伏是在玉米生长过程中因风雨或管理不当使玉米茎秆倾斜或着地的一种生产灾害。

（二）空秆、倒伏形成原因

1. 空秆形成原因

（1）种植密度过大

密度过大，田间郁闭，通风透光不好，雌穗分化和形成所需的有机营养供给减少，果穗发育和吐丝受阻，空秆多。密度试验每$667m^2$产量5000~5500株，空秆率高达10%以上。

（2）低温阴雨

玉米抽雄散粉期遭受阴雨，光照不足，花粉粒易吸水膨胀而破裂死亡或黏结成团，丧失散粉能力，而雌穗花丝未能及时受精，造成有穗无籽，空秆率达到30%。

（3）高温干旱

在玉米抽穗前后20d，即喇叭口至抽穗前遇高温干旱就会形成"卡脖旱"。造成花期不相遇，不能授粉受精，玉米大量空秆。

（4）品种本身原因

品种本身对当地气候适应能力较差，幼苗生长不整齐，出现大小苗，小苗生长不良，不能形成正常果穗，造成空秆。

（5）病虫危害

受病虫害如大小斑病、黑粉病、丝黑穗病、病毒病、玉米螟的危害，常造成植株养分供应受阻，果穗不能发育，使得空秆率增加。

（6）雄穗抑制雌穗生长

玉米的雄穗是由顶芽发育而成，具有顶端生长优势。雄穗分化比雌穗早 7~10d；雌穗是由腋芽发育而成，发育较晚，生长势较弱。当营养不足时，雄穗利用顶端优势将大量的养分吸收到顶端，雌穗因营养不足，发育不良而成空秆。

2. 倒伏形成原因

倒伏是指玉米茎秆倾斜度大于45°或节间折断。倒伏多发生在每年的 7~8 月，因为 7~8 月，玉米进入旺盛生长期，生长迅速，植株高大，茎秆脆弱，木质化程度低，而且暴风雨、冰雹等灾害性天气增多，是玉米倒伏的多发期。从立地条件看，高产地块较中低产地块容易发生倒伏，高水肥地块较一般水肥地块容易发生倒伏。

倒伏的原因主要有：

（1）春玉米苗期不蹲苗

蹲苗是控制地上部分生长，促进根系发育的方法，是增强玉米抗旱抗倒能力的一种有效的措施。如玉米苗期旺长没有及时蹲苗就会造成倒伏。

（2）种植密度过大

密度过大，株行距过小，不但会增加空秆株，而且茎秆细弱；植株比正常株高，穗位相应增高；也会引起根系发育不良，植株抗倒能力降低，易造成倒伏。

（3）整地质量差

耕作层浅，根系入土浅，气生根不发达等，浇水后遇风或风雨交加出现根倒。

（4）拔节期水肥过猛

如拔节期水肥过足，植株生长偏旺，节间细长，机械组织不发达，易引起茎倒伏。

（5）中耕培土不合理

生长期中耕次数少，大喇叭口期培土少，易引起倒伏。

（6）品种原因

品种本身不抗倒。

（7）病虫危害

拔节期间或抽雄前病虫危害茎秆，易引起倒伏。

（三）防止空秆的措施

1. 因地制宜，合理选用良种

选用玉米品种应根据当地积温和玉米品种的生育期购买适宜的种子。选用适合本地区气候条件的良种，并采用包衣种子，确保苗齐、苗匀、苗壮。

2. 合理密植

肥力差、施肥少、密度稀的中低产田，采用等行距种植，充分利用光能和地力；水肥条件好的密植高产田，采用宽窄行种植（大小垄种植法），对改善群体内光照条件有显著作用，不仅空秆率降低，还可减少因光照不足，造成单株根系少、分布浅、节间长而引起的倒伏。

3. 削弱顶端优势

生产上当雄穗露尖时（在雄穗露出叶鞘 2~3cm 时），隔行或隔株将雄穗拔出，切忌带掉功能叶，减少雄穗对雌穗的抑制。去雄后，全田只剩一半雄穗。去雄不宜超过总株数的 1/3，注意不要损伤叶片。授粉结束后，将剩余的一半雄穗再去掉，以减少养分消耗，提高粒重。

4. 合理肥水管理

根据玉米长势，适时适量供应水肥，保证雌穗分化和发育所需要的养分。拔节至开花期，肥水应及时供应，促进果穗分化和正常结实。在土壤肥力差的田块，应增施肥料，着重前期重施追肥；肥力好的地块，应分期追肥，中后期重追，对防止空秆和倒伏有重要作用。

5. 加强田间管理，对症施治

在生育期间及时进行中耕除草，扩大根系数量，降低空秆。

6. 人工辅助授粉

在开花散粉期遇雨、高温、干旱、大风等天气要进行人工授粉，提高授粉率。

7. 及时防治病虫草害

加强防治玉米大小斑病、丝黑穗病、黑粉病和玉米螟危害，同时加强对草害的适时防治，避免杂草与玉米争光、争水肥、争营养。

（四）防治倒伏的技术措施

1. 合理密植

依据地力和品种特性，合理密植，充分利用光能，可减少因根系少而浅及节间过长引起的倒伏。

2. 合理施肥

根据玉米计划产量和土壤供肥量，实施氮、磷、钾配方施肥，确定适宜的时期和施肥量，可有效防止倒伏。

3. 肥地蹲苗

对水肥较高，旺长苗，拔节前采用控水肥蹲苗方法，促根下扎和茎秆健壮防倒。

4. 化学调控

一般在玉米 5~6 片叶时，喷洒 1.5％的多效唑，每 667m^2 用药液 50kg，也可起到防倒作用。

五、适时收获

（一）玉米种子的形态结构

玉米种子实际上是果实（颖果），俗称籽粒。种皮与果皮主要由皮层（包括子房壁形成的果皮和珠被形成的种皮）、胚和胚乳组成。其形状、大小和色泽多样。千粒重一般为 200~350g，籽粒颜色有黄、白、紫、红、花斑等。

（二）玉米籽粒形成过程

种子的形成过程大致分为四个时期：

1. 籽粒形成期

自受精到乳熟初期，一般在授粉后 15~20d，果穗变粗，籽粒迅速膨大，此时籽粒呈胶囊状。此期末籽粒体积达到成熟期体积的 75％，但干物质积累少。

2. 乳熟期

自乳熟初到蜡熟初期，为期 20d 左右，此期末，果穗的粗度、籽粒和胚的体积达最大，籽粒增长迅速；胚乳由乳状至糊状，是青食的最佳收获时期。此期为粒重增长的重要阶段。

3. 蜡熟期

自蜡熟初期到完熟之前，为期 10~15d，籽粒干物质积累慢、数量少，是粒重的缓慢增长期；胚乳由糊状变为蜡状。

4. 完熟期

在蜡熟后期，干物质积累停止，主要是籽粒脱水过程，籽粒变硬，用指甲不易划破，呈现品种固有的外观特征。

由籽粒形成过程看出，玉米从授粉开始到成熟一般需 40~45d。

（三）适时收获

玉米收获的早晚对产量和品质都有一定影响。收获时玉米长相：玉米的苞叶变松、籽粒变硬，籽粒乳线消失，尖冠处出现黑色物质（黑层），为收获玉米的最佳时期。

第三节　病虫害防治

随着玉米种植面积的扩大，玉米病虫危害逐年加重，已成为玉米生产上的主要限制因素。玉米病虫害有上百种，造成危害较大的害虫有：地下害虫、蓟马、玉米螟、蚜虫、红蜘蛛、黏虫。主要病害：大斑病、小斑病、黑粉病、丝黑穗病、矮花叶病、粗缩病、穗粒腐病、青枯病。所以，在玉米的种植过程中，必须加强病虫害的综合防治工作，以最大限度地减少其危害。

一、苗期病虫害防治

玉米苗期病害主要是矮花叶病、粗缩病。虫害种类较多，发生也较普遍，对玉米的全苗、壮苗造成严重的影响，苗期害虫有地老虎、黏虫、蚜虫、棉铃虫、蓟马、麦秆蝇等，其中，地老虎危害严重。

（一）苗期病害

1. 玉米矮花叶病

玉米矮花叶病又名玉米花叶条纹病、黄绿条纹病。玉米矮花叶病是玉米重要的病毒病害之一，该病由玉米矮花叶病毒引起。

发病条件：玉米矮花叶病的发生流行与气候条件，播期、品种、土壤等因素有关。

6~7月天气干旱，有利于蚜虫繁殖、迁飞，病毒病发生重。

传播途径：带毒蚜虫刺吸玉米植株的汁液传播或带毒叶片机械摩擦传播，带毒玉米种子也能传播。传毒蚜虫有玉米蚜、缢管蚜、麦二叉蚜、麦长管蚜、棉蚜、桃蚜、苜蓿蚜、粟蚜、豌豆蚜等，其中玉米蚜是主要传毒蚜虫。

发生部位：叶片。

症状：玉米整个生育期间均可发病，以幼苗期到抽雄前较易感病。最初在植株心叶基部出现许多椭圆形褪绿小点，然后逐渐沿叶脉发展成虚线，向叶尖扩展，叶脉叶肉逐渐失绿变黄，而两侧叶脉仍保持绿色，形成褪绿条纹，严重时叶片褪绿并且干枯。

防治方法：

（1）选用抗（耐）病品种。

（2）适时早播，中耕除草，减少毒源。

（3）药液防蚜治病，在3叶、5叶、7叶时各喷吡虫啉1次，或氯氰菊酯乳油防治效果好。

2. 玉米粗缩病

病毒性病害。

发病条件：冬、春季节气候偏暖干燥，夏季少雨有利于灰飞虱的发生及传毒为害，发病就重。

传播途径：由灰飞虱传播病毒。

发病部位：植株地上部位。

症状：在5~6片叶时，叶背部叶脉上产生长短不一的蜡泪状线条凸起，病叶叶色浓绿、宽短、硬脆，叶片用手摸有一种粗糙感，病株节间明显缩短、严重矮化，上部叶片密集丛生、呈对生状。重病株不抽雄或雄穗无花粉，果穗畸形不结实或籽粒极少。

防治方法：

（1）选用抗（耐）病品种，是防病之根本。

（2）适时调节玉米播期，使玉米苗期错开灰飞虱的盛发期。

（3）结合玉米苗期间苗、中耕拔除病株。并根据灰飞虱虫情预测情况及时用25％扑虱灵每667m^{2}施50g，在玉米5叶期左右，每隔5d喷一次，连喷2~3次。

（二）苗期虫害

1. 地老虎

地老虎俗称土蚕，又叫切根虫，是主要的地下害虫之一，是杂食性害虫。

发生特点：以幼虫危害，常发生在低洼内涝、湿润多草的田地，3龄后躲进土中，昼伏夜出。

为害部位：以幼虫取食玉米的心叶或幼苗茎。

为害症状：被为害的幼叶呈孔洞状或缺刻，幼苗茎咬断后，造成田间缺苗。

防治方法：

（1）除草灭卵，播种前或幼苗期清除田内外杂草，消灭虫卵和幼虫。

（2）早间苗晚定苗，在为害严重的地块，适时晚播，避开为害盛期，实行早间苗、晚定苗。

（3）药剂防治：①用50％的辛硫磷乳油，以种子重量的0.3％拌种或用50％的辛硫磷乳油0.5kg，加适量水拌细土每667m²施150kg，均匀撒于地表；②缺苗率在10％以上的地块，可选用40％毒死蜱乳油1500倍液，或50％辛硫磷乳油800倍液，或4.5％高效氯氰菊酯乳油1000倍液，围绕玉米苗进行根部点滴防治，以药液渗入土中为宜。

（4）拌毒饵。毒饵配制方法：①豆饼（麦麸）毒饵：炒香的豆饼（麦麸）20～25kg，压碎、过筛成粉状，均匀拌入40％辛硫磷乳油0.5kg，农药可用清水稀释后喷入搅拌，以豆饼（麦麸）粉湿润为好，然后按每667m²用量4～5kg撒入幼苗周围；②青草毒饵：青草切碎，每50kg加入农药0.3～0.5kg，拌匀后呈小堆状撒在幼苗周围，每667m²用量为20kg。

（5）配制糖醋液诱杀成虫。糖醋液配制方法：糖6份、醋3份、白酒1份、水10份、90％敌百虫1份调匀，在成虫发生期设置。某些发酵变酸的食物，如甘薯、胡萝卜、烂水果等加入适量药剂，也可诱杀成虫。

（6）田间设置频振杀虫灯或黑光灯诱杀玉米螟、地下害虫及小地老虎成虫。

2. 蛴螬

蛴螬也叫核桃虫，成虫为金龟子。

发生特点：一般以幼虫越冬，以水浇地、下湿地较多，对土壤质地有选择性，壤土最重，黏土次之，沙土最轻。成虫具有假死性、较强趋光性和对未腐熟的厩肥有较强的趋性。

为害部位：玉米根部。

为害症状：幼虫入土啃食玉米根部，造成田间缺苗断垄，成虫取食叶片成网状。

防治方法：

（1）利用趋光性用黑光灯或汞灯诱杀成虫。

（2）秋冬季深耕，跟犁拾虫，降低越冬幼虫密度。同时，在犁地时撒毒土，用50％

辛硫磷乳油每 667m² 施 1500g 拌细沙或细土每 667m² 施 30kg 顺垄撒入地下。防治效果好。

（3）播种时采用包衣种子。对蛴有一定的驱避性。

二、穗期病虫害防治

玉米穗期害虫有玉米螟、蚜虫、红蜘蛛和棉铃虫，其中，尤以玉米螟危害最为严重。病害有玉米大、小斑病、矮缩病、瘤黑粉等。

（一）穗期病害

1. 大斑病

发病条件：主要发生在玉米抽雄以后，取决于温度和雨水，雨量大、雨天多、温度高，发生严重。

传播途径：病菌依靠种子和气流传播。

发病部位：主要是叶片，严重时为害叶鞘和苞叶。

症状：病斑呈长梭形、大小不等，灰褐色或黄褐色，一般长 5~10cm，宽 1cm 左右，严重时叶片早枯。当田间湿度大时，病斑表面产生灰黑色霉状物。在抗性品种上，病斑呈褪绿、浅灰色，较少霉层。

防治方法：

（1）选用抗病品种，从根本上消除。

（2）适时早播，合理密植，增施有机肥和磷、钾肥。

（3）消灭病残体，实行合理轮作。

（4）病害发生初期，应及时喷药，用 50% 多菌灵可湿性粉剂 500 倍液、80% 代森锰锌可湿性粉剂 500 倍液，每隔 7~10d 喷一次药，连续 2~3 次，有一定的防治效果。

2. 小斑病

发病条件：抽雄以后，高温高湿条件下病情迅速扩展。玉米孕穗、抽穗期降水多、湿度高，低洼地、过于密植荫蔽地、连作田容易造成小斑病的流行。

传播途径：病菌依靠风雨和气流传播，越冬的病残体、种子均可带菌。发病部位：主要是玉米叶片、苞叶和叶鞘。

症状：病斑呈椭圆或近长方形，受叶脉限制，边缘深褐色。

防治方法：

（1）选用抗病品种，从根本上消除。

（2）合理密植，改善田间小气候条件。

（3）消灭病残体，减少初侵染来源。

（4）药剂防治同大斑病。

3. 瘤黑粉病

发生条件：玉米生长期间，高温、多雨高湿的天气。

传播途径：病菌的厚垣孢子在土壤中、病残体上、种子上或混入堆肥或厩肥越冬，成为来年的初侵染源。厚垣孢子依靠气流和雨水传播。

发生部位：叶、秆、雄花、果穗等植株地上的幼嫩部位。

症状：病株上形成较大的肿瘤。病瘤初期为银白色，长大后破裂散出黑粉。

防治方法：

（1）选用抗病品种。

（2）合理轮作。

（3）防治玉米螟，避免病菌从伤口侵入。

4. 丝黑穗病

发病条件：是苗期侵入的系统性病害。连作易造成该病发生。

传播途径：上年病残体上的病菌在土壤、粪肥或种子上越冬，成为翌年初侵染源。种子和土壤病株带菌是传播的主要途径。

发生部位：雌穗和雄穗。

症状：病菌从玉米幼芽侵入，是系统侵染病害。最后进入花芽和穗部，形成大量黑粉。病苗表现矮化，节间缩短，株型弯曲，茎基稍粗，分蘖增多，叶片密集，色浓绿。

防治方法：

（1）选用抗病品种。

（2）选用包衣种子。

（3）发现病株及时带出田间深埋。

（4）重病区实行三年以上轮作，施用净肥，秸秆肥、粪肥要充分堆沤发酵。深翻土壤，加强水肥管理，增强玉米的抗病性。

（5）药剂防治。播种前进行药剂拌种，可选用15%三唑酮可湿性粉剂以种子重量0.5%拌种或50%福美双可湿性粉剂以种子重量的0.2%拌种。也可用50%的甲基硫菌灵可湿性粉剂按种子重量的0.3%~0.5%拌种。

5. 青枯病

青枯病又称茎腐病、萎蔫病、茎基腐病，是世界性病害。

发病条件：一般发生在玉米乳熟期前后，遇大雨后暴晒发生，尤其是种植密度大，天气炎热，又遇大雨，田间有积水发病严重。

传播途径：病菌在土壤和病残体上越冬，种子表面也可携带病菌传播。

发生部位：主要是玉米根部、茎秆基部节位。

症状：玉米进入乳熟期后，全株叶片突然褪色，无光泽，呈青灰色，似开水烫过最后干枯，果穗倒挂，植株极易倒伏，早衰死亡。

防治方法：

（1）选用抗病品种。

（2）在玉米生长后期防止积水。大雨后及时中耕，散失水分，降低田间温度。

（3）清除田间病株，发生严重的地块避免秸秆还田。

（4）使用包衣种子，种子包衣剂内含有杀菌剂。

（5）在拔节期或孕穗期增施钾肥，增强茎秆坚韧性。

（二）穗期虫害

1. 玉米螟

玉米螟又叫玉米钻心虫，是玉米的主要害虫。

发生特点：一年发生 1~3 代，以幼虫为害，通常以老熟幼虫在玉米茎秆、穗轴内越冬，成虫有趋光性。喜高温、高湿。高温多雨时容易发生。甜、糯、饲用等玉米品种发生较重。

为害部位：玉米心叶、茎秆、穗及穗轴。

为害症状：幼虫钻入玉米心叶或者蛀入茎秆、穗轴内为害，玉米受害后叶片形成成排的连珠孔状，严重时茎秆遇风倒折、缺粒。

防治方法：

（1）选用抗（耐）虫品种。

（2）利用玉米螟趋光、趋化性在田间设置频振杀虫灯诱杀成虫，减低产卵。

（3）药剂灌心防治：一般在小喇叭口和大喇叭口期分两次进行。将呋喃丹颗粒剂或按比例将 2.5% 的辛硫磷颗粒拌成毒土或者 Bt 乳剂、白僵菌粉剂加细沙制成颗粒后撒入心叶，防治效果好。

2. 红蜘蛛

红蜘蛛又叫叶螨。

发生特点：最适合玉米红蜘蛛生长发育的温度为 25~30℃，最适合相对湿度为 35%~

55％，因此，高温低湿的干旱年份有利于红蜘蛛的繁殖。7~8月的小雨对其发生和扩散有利，但大雨、暴雨或过高的气温将抑制其繁衍。

为害部位：叶片。

为害症状：主要以若螨和成螨群聚在叶背面吸取玉米叶片汁液，被害处呈现失绿斑点或条斑，严重时整个叶片变白干枯。

防治方法：

（1）及时彻底清除田间、地头、渠边的杂草，减少玉米红蜘蛛的食料和繁殖场所。

（2）避免与豆类、花生等作物间作，阻止其相互转移危害。

（3）药剂防治：①每667m²用1.8％阿维菌素乳油或15％哒螨灵2000倍液喷雾，最好再配吡虫啉，起熏蒸作用；②用15％扫螨净3000倍液，或15％扫螨净与40％氧化乐果按1∶1比例混合后喷雾。

3. 蚜虫

蚜虫又称"油旱"。

发生特点：玉米抽雄前，一直群居在玉米心叶内，在玉米抽雄、开花期遇到干旱少雨天气，玉米蚜虫迅速繁殖。尤其是开花期危害严重。

为害部位：花丝、雄穗。

为害症状：以成蚜或若蚜刺吸植株汁液，在叶片背面，花丝、雄穗上分泌"蜜露"，在被害部位常常形成黑色霉状物。

防治方法：

（1）清除田间地头杂草，减少早期虫源。

（2）药剂防治。苗期和抽雄初期是防治玉米蚜虫的关键时期，可用50％抗蚜威3000倍液，或50％敌敌畏1000倍液，或10％吡虫啉可湿性粉剂1000倍液，或2.5％敌杀死3000倍液均匀喷雾。

三、花粒期病虫害防治

玉米花粒期的害虫有玉米螟、蚜虫。病害主要有大、小斑病，丝黑穗病等。

（一）病害防治

大斑病、小斑病、丝黑穗病。防治方法同苗期。

（二）玉米花粒期的害虫防治

玉米螟、蚜虫。防治方法同穗期。

第四节　玉米综合生产技术

一、旱作玉米生产技术

（一）旱作玉米蓄水保墒措施

干旱使玉米生长缓慢，植株矮小，叶面积减小，干物质积累减少，产量下降。干旱对玉米不同生育时期的影响不同，拔节期前后干旱，主要限制玉米营养生长；穗期、花粒期干旱，则主要限制生殖器官的生长发育，导致穗粒数和粒重下降。所以，农谚说："春旱不算旱，秋旱减一半。"说明了干旱的影响。

旱作玉米土壤水分利用的途径有以下几个：

（1）在冷凉地区使用地膜覆盖栽培技术，尤其是加强渗水膜的使用。

（2）机械化秋深耕，玉米收获后用大中型拖拉机深耕 1 次，深 25~30cm，充分发挥"土壤水库"纳雨蓄墒功能，使秋雨雪春用，解决天然降水与玉米需水不同步的问题。

（3）增施优质的有机肥，增加土壤的团粒结构，增强土壤蓄水能力。

（4）通过秸秆还田来改良土壤。玉米收获后，用秸秆粉碎机把秸秆就地粉碎成 3cm 左右长的切段，深翻入土，同时适当增施氮肥，每 $667m^2$ 施尿素 10~15kg，以调整碳氮比，促进秸秆腐解。提高土壤有机质，培肥地力，增强土壤蓄水保肥能力。

（5）NPK 配施，"以肥调水"，不断提高土壤肥力，增强土壤保水能力。

（6）使用化学制剂。

一是保水剂。保水剂能够吸收和保持自身重量 400~1000 倍、最高达 5000 倍的水分，有均匀缓慢释放水分的能力，可调节土壤含水量，起到"土壤水库"作用。可以用于种子涂层、包衣、蘸根等，用保水剂（浓度 1.0%~1.5%）给玉米涂层或包衣，可使玉米提前 2~3d 出苗，且出苗率高；玉米播种时在穴内施保水剂每 $667m^2$ 施 0.5kg，对玉米出苗和后期生长均有良好作用。

二是抗旱剂。抗旱剂可减少植物气孔开张度，减缓蒸发，一般喷洒 1 次引起气孔微闭所持续的时间可达 12d 左右，降低蒸腾强度，提高土壤含水量；改善植株体内水分状况，促进玉米穗分化进程；增加叶片叶绿素含量，有利于光合作用的正常进行和干物质积累；提高根系活力，防止早衰，每 $667m^2$ 用抗旱剂 50g 兑水 10kg，在玉米孕穗期均匀喷洒叶片，可使叶色浓绿，叶面舒展，粒重提高，增产 7.1%~14.8%。

三是增温剂。将增温剂喷施在土壤表面，干后即形成一层连续均匀的膜，用以封闭土壤，可提高土壤温度，抑制水分蒸发，减少热耗，相对提高地温；保持土壤水分，在大田的抑制蒸发率可达 60％~80％，土壤 0~15cm 土层水分比对照田高 19.3％；促使土壤形成团粒结构；减轻水土流失，增温剂喷施于土表后，增加了土层稳固性，可防风固土，减少冲刷，有明显的保持水土、抑制盐分上升的效果。

（二）旱作玉米生产技术环节

1. 选择抗旱品种

抗旱品种具有适应干旱环境的形态特征。如：种子大，根茎伸长力强；根系发达，生长快，入土深，根冠比值大；叶片狭长，叶细胞体积小，叶脉致密，表面茸毛多，角质层厚。玉米抗旱品种叶片细胞原生质的黏性大，遇旱时失水分小，在干旱情况下气孔能继续开放，维持一定水平的光合作用。在无霜期短、肥力差的地块可选择先玉 335、良玉 88 等脱水快、较早熟、耐旱、耐瘠薄的品种为主导品种。要求供种单位的种子质量应达到国家标准，单粒播种用种应保证有 98％以上的发芽率，确保一次播种保全苗。

2. 整地

整地分为秋季整地与春季整地。旱作玉米以秋天整地为主，春季尽量减少耕作次数为宜，秋耕比春耕增产 28.5％，秋耕地土壤熟化时间长，又经冬春冻结融化过程，土壤松紧适宜，保墒效果好。秋耕应结合施用有机肥，在耕后立即耙糖，冬季滚压。

3. 培肥土壤

增施有机肥料，可改善物理性状，发挥土壤蓄水、保水、供水的能力，又可提高玉米的抗旱能力。据试验，玉米根系在高肥地比在低肥地 3m 土层中，能多利用 60mm 的水，约等于一般玉米地全生育期耗水量的 1/4。原因是肥地使玉米根系向土壤深层伸展，提高了吸水抗旱能力。旱作玉米的另一项重要经验，就是增施化肥，增加秸秆和根茬还田量，以无机促有机；在轮作制中插入绿肥和豆科作物，肥地养田，提高土壤水分的利用率。

4. 适期播种

玉米需水的特点是前期少、后期多，播种至拔节只占一生需水总量的 15％，拔节至抽穗占 40％以上。旱作区降雨一般集中在 7~8 月。因此，利用玉米苗期耐旱的特点，把玉米幼苗期安排在雨季来临之前。播期以 5~10cm 地温稳定 10~12℃ 为指标。旱作玉米区十年九春旱，玉米播种时常遇到干旱，在干土层超过 6cm、底墒较好的地块，应采取镇压提墒，或借墒播种和造墒播种。在玉米生育期间，重要措施是中耕疏松表土，减少蒸发，特别是雨后及时中耕，有明显的保墒效果。

播深：适宜播深 5~10cm，墒情适宜时 6~7cm，土壤水分高时可浅些，墒情差时可适当加深，但不能超过 10cm。

5. 合理密度

根据地力、肥力的不同，一般较肥沃的河湾沟坝地密度要求每 667m² 产量 4000 株，肥力差的坡梁地和垣地以每 667m² 产量 3500 株为宜。

6. 化学除草

播种后，出苗前，田间用 38% 诱去津悬浮剂，每 667m² 施 200g，兑水 25kg 用于土壤表面喷雾，也用 50% 乙草胺乳油，每 667m² 施 125g，兑水 25kg 用于地表喷雾，封闭除草。

7. 田间管理

一切管理措施以减少土壤水分损失，利用自然降水，促进玉米生长发育为原则。

（1）中耕除草，适时追肥

在苗全、苗齐的基础上中耕 3~4 次，玉米长到 5~6 叶进行第一次中耕，其作用是疏松土壤、提高地温，促进根系深扎，减少耕层水分散失，消灭杂草，促进幼苗生长。拔节期进行第二次中耕，其目的是减少土壤水分蒸发，同时减少杂草对水分、养分的争夺，中耕时适当培土，防止后期倒伏。穗期结合追肥进行第三次中耕，玉米种植在旱地上，无灌水条件，不能随意追肥。追肥后仍进行中耕培土，破除雨后地表板结，疏松土壤，保持墒情，减少水分散失，培土防倒伏。抽雄到成熟如遇高温、干旱会降低花粉生活力，造成吐丝困难，授粉不良，因此，仍需要中耕防旱，减少水分蒸发。

（2）隔行去雄

隔行去雄的具体方法在前文已述，此处不再赘述。

（3）叶面喷肥

在授粉后 10~15d 进行叶面喷肥，喷 0.3%~0.4% 磷酸二氢钾加 1%~1.5% 尿素肥液。

（4）适时收获

玉米苞叶干枯松散、籽粒变硬发亮时收获。

二、玉米地膜覆盖生产技术

地膜覆盖技术是 20 世纪 80 年代后开始在我国大面积推广应用的，主要用在干旱、冷凉的地区，已有 30 多年的历史，覆盖技术日臻娴熟，增产效益显著。

采取地膜覆盖栽培是玉米抗旱保苗增收的有效途径，玉米地膜覆盖具有以下作用：

第一，增温。地膜覆盖的 0~20cm 土壤温度比裸地栽培提高 2~3℃，其中，苗期日增温 3.9℃，拔节期日增 3.3℃，抽雄期日增温 1.3℃，有效积温较高。玉米整个生育期有效积温增加 150~300℃。

第二，保墒。覆盖地膜的玉米土壤含水量比露地多，据测定 0~10cm 土层的含水量，覆膜提高 2%~4%，10~20cm 土层的含水量没有明显差异。

第三，提高土壤肥力。首先地膜覆盖避免和减少土壤水分和养分的淋溶、流失和挥发，相对增加了土壤肥力；其次由于膜内温度高，微生物活动旺盛，有机质分解快，养分释放多，土壤中的有效氮、磷、钾养分含量增加，提高了土壤肥力；另外覆膜协调了土壤的水、气、热状况，土壤变得疏松了，疏松的土壤反硝化作用低，养分被固定的少，相反的矿物质含量高，速效养分增多，土壤供肥能力强。

第四，增加田间光照强度。覆于膜下的水滴，对光有反射作用，增加了近地空间的光量，使中、下部叶片的衰老期推迟，有利于合理密植，提高光合效率。

第五，抑制杂草生长。在晴天高温时，地膜与地表之间经常出现 50℃ 左右的高温，致使草芽及杂草枯死。在盖膜前后配合使用除草剂，可防止杂草丛生，减少除草所占用的劳力。

第六，增产。一般覆膜比不覆膜玉米增产每 667m² 达 100~150kg 以上。

（一）播前准备

1. 选地膜

根据地形选择适宜宽度的地膜。在丘陵地、面积较小、人工铺膜的地块须用幅宽 80cm、厚 0.005~0.007mm 的聚乙烯薄膜；在平川地、面积大、机械化程度较高的地方，选用 1400mm 的渗水膜。

2. 选品种

根据气候特点及积温条件，选用适宜当地土壤、生产条件的品种（适当增长、留有余地）。生育期比露地栽培的长 5~7d。如：大丰 26、强盛 16、丰禾 96、先玉 335、郑单 958 等。

3. 种子处理

为了防治地下害虫的发生，选用包衣种子；播前用 50% 辛硫磷或 40% 甲基异柳磷按种子重量的 -0.1%~0.2% 拌种。用 20% 粉锈宁 150~200g 加水 1.5~2.5kg，拌在 50kg 种子上，可防治丝黑穗病。

4. 选地、整地，保证铺膜

选择地势平坦、土层深厚、土质疏松、灌水方便、肥力较高的土壤地块。整地时应达到"墒、平、松、碎、齐、净"六字标准。

"墒"即播前土壤应有充足的底墒。

"平"即土地要平整。

"松"即表土疏松、无中层板结且上虚下实。

"碎"即无大坷垃，土壤细绵。

"齐"即地头、地边、地角无漏耕漏耙。

"净"即地面无残膜、残根、残秆等。

5. 施足底肥

采用"一炮轰"施肥法，一次施足底肥。底肥以有机肥为主，氮磷配施，适当增加钾肥用量。

6. 选机具，保证播种质量

连片大地块覆膜，应选用大中型机具；分散、零星地块覆膜，应选用小型机具。播种机和覆膜机要配套。

机具应按说明书要求进行保养、安装调整。

7. 播前喷施除草剂

一般每 $667m^2$ 用阿特拉津 $0.2\sim0.25kg$、杜尔或乙草胺乳油 $150\sim200mL$，兑水 $60kg$，于土壤较干燥时均匀喷洒于床面后立即盖膜。

(二) 播种

1. 播种

覆膜玉米一般比不覆膜玉米应提早 $5\sim8d$ 播种。

2. 覆膜的方式

有两种：一是先覆膜后播种，主要是为了提高地温，冷凉山区比较适用，干旱地区抢墒覆膜，适期播种。播种时用扎眼器扎眼播种，播后注意封严播种口；另一种是先播种后覆膜，采用这种方式要连续作业，做床、播种、打药和覆膜一次完成，可抓紧农时，利于保墒。

3. 播种方法

宽窄行种植，精量播种，播深 $3\sim5cm$。

4. 播种密度

旱肥地一般耐密型品种以每 667m² 产量 4000 株为宜，大穗型品种每 667m² 产量 3500~4000 株为宜。旱薄地以每 667m² 产量 3500~3800 株为宜。

（三）玉米渗水地膜覆盖旱作技术

1. 渗水地膜的概念及特点

渗水地膜是一种带有局部双层微米级线性小孔结构的通透性的新型地膜。具有渗水、保水、增温、调温、微通气、耐老化等功能，对半干旱、半湿润地区小雨发生频率高达 70% 以上的降水资源利用特别有效，比普通地膜覆盖增产 30% 左右，每 667m² 可节水 100m³。渗水地膜为年降水 400~500mm 的半干旱地区建立了新的增产技术途径。

（1）微通透

渗水地膜是在普通塑料地膜的生产配方中，添加了一种助剂，然后通过一定的生产工艺，生产出来的带有许多细小孔隙的地膜，孔隙的直径一般在 2~10μm，所以叫微孔，1cm² 地膜上大约有 200 个这样的微孔。

（2）渗水

渗水地膜的渗水速率是 12mm/h。在我国半干旱、半湿润地区，雨水资源 70% 以上是小雨，这种雨水可以缓慢从膜上渗至膜下。减少雨水的无效蒸发，提高雨水的利用率。

（3）保水

渗水地膜的通透性在实际应用中具有一定的单向性——外面的水分可以渗进去，但是土壤蒸发出来的水汽，遇到地膜会凝结成水珠重新回到土壤当中，这样，渗进去的水远远比蒸发出来的多。

（4）保温

在气温比较低的季节，渗水地膜的保温效果跟普通地膜相似，膜下温度相差不到半度。但是在盛夏季节，普通地膜下面的温度可上升到 60~70℃，会造成烧苗；而渗水地膜下面的温度要低得多，只有 43~44℃。这样有利于保护根系，促进农作物生长。

（5）耐老化

微通气和自动调温的结果，使渗水地膜具有抗老化的功能。经试验，在玉米等作物收获期，渗水地膜仍具有较大的弹性、地面覆盖保持完好状态，很容易从地面剥离，降低土壤污染。

2. 渗水地膜的技术规程

为了应对北方十年九旱的状况，确保旱地粮食丰收，加快渗水地膜在各地的推广进度，制定了渗水地膜覆盖旱地玉米四种实施模式的技术规程。

（1）机械条播

VVV 形覆盖旱作新技术规程——寿阳模式。

（2）人工穴播

VVV 形覆盖旱作新技术规程——五台模式。

（3）机械穴播 1

VV 形覆盖旱作新技术规程——朔州模式 1。

（4）机械穴播 2

VVV 形覆盖旱作新技术规程——朔州模式 2。

第四章　马铃薯与向日葵生产技术

第一节　马铃薯生产技术

一、马铃薯主要栽培技术

（一）马铃薯全膜垄侧栽培技术

1. 选择地块

宜选用地势平坦、土层深厚、土质疏松、肥力中上等、保肥保水能力较强的地块，切忌选用陡坡地、石砾地、沙土地、瘠薄地、洼地、涝地、重盐碱地等地块，应优先选用豆类、小麦茬。

2. 整地施肥

一般在前茬作物收获后及时灭茬，深耕翻土，耕后要及时耙糖保墒，做到无大土块、表土疏松、地面平整。一般每公顷施农肥 60 000kg 以上、纯氮 95～150kg、纯磷 75kg、纯钾 75kg。结合整地全田施入或在起垄时集中施入窄行垄带内。

3. 种薯准备

选择生长期适宜、品质优良、薯形好、产量高的抗病品种。最好选用脱毒小型（75～100g）种薯，进行整薯播种。播前准备种块时，选择无病种薯，切成 40～50g 的种块，每个种块留两个芽眼。每次切薯后用 75％ 的酒精对切刀消毒，以免病菌传染。种块切好每公顷用稀土旱地宝 1.5kg 药液兑 75kg 水浸种 10～20min，捞出晾晒后播种；也可用草木灰拌种。

4. 划行起垄

每行分为大小双垄，大小双垄总宽 110cm，大垄宽 70cm、高 12～15cm，小垄宽 40cm、高 15～18cm。每个播种沟对应一大一小两个集雨垄面。

（1）划行

划行是用齿距为小行宽 40cm、大行宽 70cm 的划行器进行划行，大小行相间排列。

（2）起垄

缓坡地沿等高线开沟起垄，要求垄和垄沟宽窄均匀、垄脊高低一致。一般在 4 月上中旬起垄。用步犁起垄时，步犁来回沿小垄的划线向中间翻耕起小垄，将起垄时的犁臂落土用手把刮至大行中间形成大垄面。用机械起垄时，如人手较少，可用起垄机起垄，起完垄后再一次性覆膜；如果人手较多，可用起垄覆膜机一次性起垄覆膜。

5. 覆膜

整地起垄后，用宽 120cm、厚 0.008～0.01mm 的地膜，每公顷用量为 75～90kg，全地面覆膜。膜与膜间不留空隙，两幅膜相接处在大垄的中间，用下一垄沟或大垄垄面的表土压住地膜，覆膜时地膜与垄面、垄沟贴紧。

每隔 2～3m 横压土腰带，一是防止大风揭膜；二是拦截垄沟内的降水径流。机械覆膜质量好，进度快，节省地膜，但必须按操作规程进行，要有专人检查质量和压土腰带。覆膜后，要防止人畜践踏、弄破地膜。覆膜后要经常检查，防止大风揭膜。如有破损，及时用细土盖严。覆膜后在垄沟内及时打开渗水孔，以便降水入渗。

6. 适时播种

播种时期各地可结合当地气候特点，一般在 4 月中下旬开始播种。株距 30cm，行距 40cm，每公顷保苗 55 500 株左右。

播种深度 10cm 左右，若春季较旱，干土层较厚、墒情较差的地块要进行注水播种，以保证马铃薯全苗。

7. 田间管理

（1）查苗

及时检查出苗情况，若幼苗钻入膜下，要及时掏苗，并用湿土壅苗封孔。缺苗的地方应及时补种，以求全苗。

（2）防病

田间发现疫病中心病株要及时拔除。对早疫病在发病初期可用 70% 的代森锰锌可湿性粉剂 100g 兑水 40～50kg，叶面喷雾防治。用 40% 的氧化乐果乳油 1500 倍液叶面喷雾防治蚜虫，可有效地阻断病毒病的传播。

（3）收获清膜

当地上茎叶由绿转黄并逐渐枯萎时即可收获。收获时，捡拾清除残膜，回收利用。

（二）马铃薯起垄覆膜高产栽培技术

马铃薯地膜覆盖栽培技术始于20世纪80年代末。地膜覆盖栽培马铃薯，可加快马铃薯生育进程，提早出苗，提前封行日期，增加株高及茎粗，提高茎叶鲜物质量和叶面积系数，提早成熟，单株结薯增多且质量增加，生理及形态效益均比较明显。然而，随马铃薯产业的壮大，面积不断扩大，地膜覆盖（平作）栽培技术苗期存在放苗问题，造成烧苗、烫苗、放苗不及时、苗弱、出苗不整齐，易导致缺苗断垄、易感染病害，马铃薯生长后期块茎青头率较高，商品性降低。为了克服这些问题，近几年，我们对地膜覆盖技术加以改进，采取起垄覆膜栽培技术模式，该栽培技术在增产效果、防病效果等方面都好于平作马铃薯。

马铃薯起垄覆膜栽培技术的优点：一是有利于增加密度，尤其是对大西洋等加工型马铃薯来说，增加密度可使马铃薯商品性进一步提高；二是提高地温、通风透光，有效减轻病虫、杂草危害；三是增产效果明显，马铃薯起垄覆膜栽培比平作栽培增产10％以上，合格薯、商品率提高20％以上。薯块整齐、无畸形、青头数减少。具体栽培技术如下：

1.选地整地

应选地势较高、土壤疏松肥沃、土层深厚的中性或微酸性土壤种植，忌重茬，也不要在茄果类或白菜、甘蓝等为前茬的地块上种植。地块选好后，进行深耕、耙糖、镇压，做到地平、土细、上虚下实，以利保墒。

2.施足基肥

一般须在播种前整地时每公顷施优质农家肥60 000～75 000kg，在中等肥力的地块每公顷施磷酸二铵300kg、尿素150kg、硫酸钾150～225kg，或每公顷施马铃薯专用肥750kg。施化肥时应混合均匀，随犁开沟撒于沟中。

3.种薯准备

川水灌区种植应选择克星系列、大西洋、夏波蒂、陇薯7号等。选定品种后，还要进行优质种薯的挑选，要除去冻、烂、病、萎蔫块茎。晒种时把种薯摊为2～3层，摆放在光线充足的空房间或日光温室内，使温度保持10～15℃，让阳光照射，并经常翻动，当薯皮发绿、芽眼萌动时，就可切块播种。为了防止环腐病、黑胫病通过切刀传毒，切芽块时要多准备几把切刀，放在75％的酒精溶液或0.1％的高锰酸钾溶液中浸泡，种薯切好后可用旱地宝或草木灰拌种。

4.起垄播种

地膜种植马铃薯最好起垄栽培，要求垄底宽70～80cm、沟宽40cm、垄高25～30cm，用幅宽 120~140cm、厚 0.008mm 的地膜。为防止大风揭膜，覆膜后在膜面每隔 2~3m 横压土腰带。一般播种穴距 23~25cm，播深 8cm 左右，行距 40cm，每公顷保苗 75 000 株左右。一般在覆膜后 5d 左右地温上升后开始用小铲或打孔工具破膜挖穴播种，播后用湿土盖严膜孔，也可先播种后覆膜，成三角形种植。

5. 田间管理

（1）引苗封孔

当幼苗拱土时，及时用小铲或利器在对准幼苗的地方将膜割成"T"字形，把苗引出膜外后，用湿土封住膜孔。

（2）水肥管理

在施足底肥的情况下，不能放松生长期间的水肥管理，以免造成脱肥早衰而影响产量。要在垄侧半坡距植株 12cm 左右处打孔追肥，结合追肥顺垄浇水。在开花前摘除花蕾，促进块茎生长。

（3）后期培土

沟中挖土培在根部，以免块茎露出土面。

6. 马铃薯病虫害防治

马铃薯的病虫害较多，目前比较普遍的病害有晚疫病、早疫病、环腐病、黑胫病、病毒病、疮痂病等；主要虫害有蚜虫、蛴、金针虫、地老虎等。现将其防治方法介绍如下：

（1）马铃薯晚疫病

一是选用抗病品种；二是选用无病种薯；三是药物防治。发病初期喷洒 58％甲霜灵锰锌可湿性粉剂 600~800 倍液或 25％的甲霜灵可湿性粉剂 500 倍液，或 64％杀毒矾可湿性粉剂 500 倍液，或 75％百菌清可湿性粉剂 500 倍液，或 1∶1∶200 波尔多液，每隔 7~10d 喷药一次，连续 2~3 次。马铃薯苗期和开花初期喷 1000 倍植物动力 2003 可明显减轻病害的为害。总之，防治马铃薯晚疫病，应以推广抗病品种，选用无病种薯为基础，并结合预防，消灭中心病株，加强药剂防治和改进栽培技术进行综合防治。

（2）马铃薯早疫病

一是与非茄科作物轮作倒茬；二是施足基肥，增施磷钾肥，提高植株抗病力；三是药物防治。发病初期喷 1∶1∶150 的波尔多液、80％代森锌 600~800 倍液、75％百菌清 600~800 倍液，根据发病情况 5~7d 喷洒一次，共喷 3~4 次进行防治。

（3）马铃薯环腐病

环腐病主要是种薯带菌传播，带菌种薯是初侵染来源，切块是传播的主要途径。实验表明，一般切一刀病薯可传染 20 个以上的健康薯，最多可以传到 60 个，经田间调查，发病株率可达到69％。防治应采取选用抗病品种、田间拔除病株与选用低毒农药防治相结合的综合措施。在苗期和成株期挖除病株，集中处理。田间发生病害可喷洒72％农用链霉素4000倍液，或2％春雷霉素可湿性粉剂500倍液，或77％可杀得可湿性微粒粉剂500倍液，或50％DT可湿性粉剂500倍液。

（4）马铃薯黑胫病

一是选用抗病品种；二是建立无病留种田；三是采取以农业措施为主的防治原则。发病防治方法同环腐病。

（5）马铃薯病毒病

到目前为止，尚无特效药剂，只能从农业技术上加以防治。选用脱毒种薯。发病初期喷洒1.5％植病灵乳剂1000倍液，或20％病毒A可湿性粉剂500倍液，或5％菌素清可湿性粉剂500倍液，或乐果乳剂2000倍液，每隔7~10d喷药一次，连续喷洒2~3次。

（三）马铃薯垄作覆膜高产栽培技术规程

1. 选地整地

应选地势较高、土壤疏松肥沃、土层深厚、土壤砂质、中性或微酸性的平地或缓坡地种植，忌重茬，也不要在茄果类或白菜、甘蓝等为前茬的地块上种植。地块选好后，进行深耕、耙糖、镇压，做到地平、土细、上虚下实，以利保墒。

2. 施足基肥

一般须在播种前整地时每公顷施优质农家肥60 000~75 000kg，在中等肥力的地块每公顷施磷酸二铵300kg、尿素150kg、50％的硫酸钾150~300kg；或每公顷施马铃薯专用肥750kg。施化肥时应混合均匀，随犁开沟撒于沟中。结合整地施肥，每公顷施5％的辛硫磷颗粒剂30~45kg，防治地下害虫危害。

3. 种薯准备

川水灌区种植应选择克星系列、大西洋、夏波蒂等品种。选定品种后，还要进行优质种薯的挑选，要除去冻、烂、病、萎蔫块茎。晒种时把种薯摊为2~3层，摆放在光线充足的空房间或日光温室内，使温度保持10~15℃，让阳光照射，并经常翻动，当薯皮发绿、芽眼萌动时，就可切块播种。为了防止晚疫病、环腐病、黑胫病等通过切刀传播，切种块时要多准备几把切刀，放在75％的酒精溶液或0.1％的高锰酸钾（每千克水中加入1g高锰酸钾配成溶液）溶液浸泡消毒。每个种薯块带有1~2个芽眼，重量30~40g。种薯块切好后，在10kg水中加入58％甲霜灵锰锌可湿性粉剂30~40g和70％农用链霉素可湿性粉剂 10~15g，充分搅匀后洒在薯块表面（每 100kg 薯块需药液 3~5kg），晾干播种。

4. 起垄播种

要求垄高 30~35cm，垄底宽 70cm，沟宽 40cm。起垄前用总宽 110cm，齿距以沟宽 40cm、垄底宽 70cm 的划行器进行划行，然后起垄覆膜，用幅宽 140cm、厚 0.008mm 的地膜。为防止大风揭膜，覆膜后在膜面每隔 2~3m 横压土腰带。播种时将种子种在垄上，每垄双行种植，株距 28cm，行距 40cm，播深 8cm 左右，亩保苗 4300 株左右。一般在起垄覆膜后 4~6d 地温上升后开始用小铲或打孔工具破膜挖穴播种，播后用湿土盖严膜孔；也可先起垄播种后覆膜，膜面覆土 3~4cm。

5. 田间管理

（1）引苗

当幼苗拱土时，膜孔错位或膜面无覆土时应及时用小铲或利器在对准幼苗的地方将膜割成 "T" 字形，把苗引出膜外后，用湿土封住膜孔。膜孔覆土结块时应及时破碎土块。

（2）水肥管理

在施足底肥的情况下，不能放松生长期间的水肥管理，以免造成脱肥早衰而影响产量。要在垄侧半坡距植株 12cm 左右处打孔追肥，结合追肥顺垄浇水。生长期间每千克水加 50~100mg 的多效唑或膨大素进行叶面喷施，可在花前摘除花蕾，促进块茎生长。

（3）后期培土

沟中挖土培在根部，以免块茎露出土面。

6. 病虫害防治

环腐病可采用选无病种薯、小薯整薯播种、切刀消毒等方法防治；早疫病除采用选无病种薯、实行轮作倒茬外，发病初期用 64% 杀毒矾可湿性粉剂 500 倍液喷雾防治；晚疫病应在发病初期用 58% 甲霜灵锰锌可湿性粉剂 600 倍液喷雾防治；二十八星瓢虫、蚜虫可选 2.5% 功夫乳油 2500 倍液或 50% 辛硫磷乳油 1000 倍液喷雾防治。

（四）马铃薯地膜覆盖高产栽培技术

1. 选地整地

马铃薯种植应选择土层深厚、土质疏松、肥力中等以上的地块，忌重茬，也不要在茄果类或白菜、甘蓝等为前茬的地块上种植。地块选好后，进行深耕、耙糖、镇压，做到地平、土细、上虚下实，以利保墒。

2. 施足基肥

一般须在播种前整地时每公顷施优质农家肥 60 000~75 000kg，在中等肥力的地块每公顷施磷酸二铵 300kg、尿素 150kg、50％的硫酸钾 150~300kg；或每公顷施马铃薯专用肥 750kg。施化肥时应混合均匀，随犁开沟撒于沟中。

3. 种薯准备

川水灌区种植应选择克星系列、大西洋、夏波蒂等品种。选定品种后，还要进行优质种薯的挑选，要除去冻、烂、病、萎蔫块茎。晒种时把种薯摊为 2~3 层，摆放在光线充足的空房间或日光温室内，使温度保持 10~15℃，让阳光照射，并经常翻动，当薯皮发绿、芽眼萌动时，就可切块播种。为了防止环腐病、黑胫病通过切刀传毒，切芽块时要多准备几把切刀，放在 75％的酒精溶液或 0.1％的高锰酸钾溶液中浸泡，种薯切好后可用旱地宝或草木灰拌种。

4. 起垄播种

地膜种植马铃薯最好起垄栽培，要求垄底宽 70~80cm、沟宽 40cm、垄高 25~30cm，用幅宽 120~140cm、厚 0.008mm 的地膜。为防止大风揭膜，覆膜后在膜面每隔 2~3m 横压土腰带。一般播种穴距 23~25cm，播深 8cm 左右，行距 40cm，亩保苗 5000 株左右。一般在覆膜后 4~6d 地温上升后开始用小铲或打孔工具破膜挖穴播种，播后用湿土盖严膜孔，也可先播种后覆膜，成三角形种植。

5. 田间管理

（1）引苗

当幼苗拱土时，及时用小铲或利器在对准幼苗的地方将膜割成"T"字形，把苗引出膜外后，用湿土封住膜孔。

（2）水肥管理

在施足底肥的情况下，不能放松生长期间的水肥管理，以免造成脱肥早衰而影响产量。要在垄侧半坡距植株 12cm 左右处打孔追肥，结合追肥顺垄浇水。生长期间喷施 50~100mg/kg 的多效唑或膨大素，可在花前摘除花蕾，促进块茎生长。

（3）后期培土

沟中挖土培在根部，以免块茎露出土面。

6. 病虫害防治

环腐病可采用无病种薯、小整薯播种、切刀消毒等方法防治；早疫病除采用无病种薯、实行轮作倒茬外，发病初期用 64％杀毒矾可湿性粉剂 500 倍液喷雾等防治；晚疫病应在发病初期用 58％甲霜灵锰锌可湿性粉剂喷雾防治；二十八星瓢虫、蚜虫可选 2.5％功夫乳油 2500 倍液或 50％辛硫磷乳油 1000 倍液喷雾防治。

（五）专用马铃薯高产栽培技术

马铃薯营养价值高，口感性好，既是重要的粮菜兼用作物，又是重要的加工原料，因此在增加农民经济收入中占有主导地位。为了更好地促进马铃薯产业的发展，提高马铃薯生产水平，有效增加收入，根据实际，我们在总结马铃薯栽培技术的基础上总结出专用马铃薯高产栽培技术。

1. 品种选择

选用马铃薯专用脱毒微型薯，可比未脱毒的马铃薯增产30%以上。

2. 选地整地

选择3年内未种过马铃薯或茄科作物的土地肥沃的地块，并且从未施用过氯磺隆、脂草酮等除草剂，以阴湿或有一定灌溉条件的沙壤土最好。地块应进行深翻或早春翻，深度25cm以上，播前打碎土块，拾净根茬，做到精细整地。在种植脱毒马铃薯的周围，不种未经脱毒的马铃薯，杜绝病毒病的传播、蔓延，造成减产。

3. 施足种肥，适时追肥

每公顷施优质农家肥75 000kg、磷酸二铵225～300kg、尿素75～110kg、硫酸钾150kg，农家肥和所有化肥均以种肥基施。氮、磷、钾配比为15：15：15的混合肥375～600kg最好。现蕾期追硝铵150kg。

4. 播种

当土壤温度稳定在7℃后开始播种，适宜播种期为3月下旬至4月中旬。

开沟12～14cm深，先顺沟撒施种肥和农药，切忌用硝铵做种肥，以免硝铵与马铃薯的伤口接触而造成烂薯，亩施5%辛硫磷颗粒剂2kg可有效防治地下害虫，再施入农家肥盖住化肥、农药，如盖不住，应加土覆盖，最后点播微型种薯，起垄，播深8～10cm。

密度：双行错位种植，株行距均30cm，种植密度67 500～82 500株/hm²。

5. 田间管理

有灌溉条件的地方应保证现蕾至开花期灌水1次，灌水时水面以达到垄高的1/3为宜。及时防治病虫害，幼苗出齐后10d，用40%乐果乳油1500g/hm²，兑50kg水喷洒，以后每隔10d喷1次。6月底开始清除田间晚疫病病株，7～8月份下雨后喷施58%甲霜灵锰锌可湿性粉剂500倍液，每隔7～10d喷1次，连喷2～3次，防治晚疫病确保增产增收。

6. 收获与窖藏

收获前15d彻底清除病株、杂株、杂薯，以保证种薯纯度。选择晴天收获，待块茎晾晒半天，表皮老化后，运至干燥通风的室内暂时保存。

收获后贮藏时，再次捡去病薯，破损薯和杂薯。种薯入窖前，先对贮藏窖进行清扫消毒，窖藏种薯不可堆积太厚。贮藏期间应及时检查管理，以防止烂窖。

二、马铃薯主要病虫害防治技术

（一）马铃薯主要病害防治技术

1. 马铃薯晚疫病防治技术

马铃薯晚疫病是一种暴发性、毁灭性病害，在高湿、多雨、凉爽的条件下病害扩散迅速，7~10d 可使地上部分全部枯死。马铃薯感染晚疫病后，叶片、茎秆、薯块均可表现症状。

（1）危害症状

主要侵害叶、茎和薯块。叶片染病，首先在叶尖或叶缘出现水浸状绿褐色病斑，天气干燥时，病斑干枯呈褐色，不产生霉轮；湿度增大病斑就向外围扩展，病斑与康健部分无明显界限，病斑边缘有白色稀疏的霉轮，叶背更明显。茎部或叶柄染病，现褐色条斑。发病严重的叶片萎垂，卷缩，最后整个植株变为焦黑，空气干燥就枯萎，空气湿润叶片就腐烂，全田一片枯焦，散发出腐败气味。薯块染病，初生褐色或紫褐色大块病斑，稍凹陷，病部皮下的薯肉呈深度不同的褐色坏死部分。薯块可以在田间发病烂掉，也会在田间受侵染而储藏后大量腐烂。

（2）防治方法

①选用抗病品种

因地制宜地推广普及抗病品种及优良原种，最好选用当年调运的健康种薯进行播种，目前，较抗晚疫病的品种有陇薯 3 号、陇薯 5 号、陇薯 6 号等，这样才能从根本上控制和减轻晚疫病对马铃薯的危害。

②进行种薯消毒

切块时，准备两把以上切刀，浸在 0.1％的高锰酸钾溶液或 75％的酒精液中，用一把刀切块，当切到病、烂薯后，立即换另一把切刀。也可在炉火中烧一锅沸水，一把放入沸水中，另一把切块，切到病、烂薯时，即换另一把切刀。切好的种薯用 58％甲霜灵锰锌可湿性粉剂 0.05~0.1kg 或用 25％甲霜灵或克露 0.05kg，加水 2~3kg，均匀喷洒 150kg 种薯薯块，晾干后播种。

③改进栽培措施

一是推广全膜垄侧种植技术，垄作技术是防治疫病发生的有效措施，在马铃薯生产上

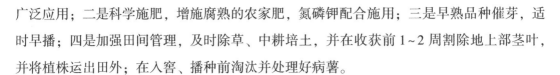

广泛应用；二是科学施肥，增施腐熟的农家肥，氮磷钾配合施用；三是早熟品种催芽，适时早播；四是加强田间管理，及时除草、中耕培土，并在收获前1~2周割除地上部茎叶，并将植株运出田外；在入窖、播种前淘汰并处理好病薯。

④药剂防治

在初花期，当株高30~40cm时，每公顷用15％的多效唑可湿性粉剂0.75kg兑水750kg，均匀喷洒，做到不漏喷、不重喷；另外要加强监测，发现中心病株及时拔除，带出田外深埋（1m以上），病穴处撒石灰消毒，对病株周围50m范围内喷洒代森锰锌、甲霜灵、甲霜灵锰锌等药剂进行预防处理。对常发重病区，应加强预防工作，喷药防治1~3次，每隔7d喷药1次，并注意轮换用药。一般常用的防治药剂有：25％的甲霜灵可湿性粉剂500倍液，58％甲霜灵锰锌可湿性粉剂600倍液，40％的乙磷铝300倍液，80％代森锰锌干悬浮剂（必得利）800倍液。

2. 马铃薯早疫病防治技术

马铃薯早疫病又称夏疫病、轮纹病，是马铃薯上发病普遍的病害。干旱、瘠薄地块发病重。

（1）危害症状

叶片症状：叶片发病初期，出现黑褐色水浸状小斑点，然后病斑逐渐扩大成近似圆形的黑褐色病斑，直径3~4mm，有同心轮纹，有的呈多角形。病斑与健康组织有明显的界限，严重时病斑连成一片，整个叶片枯死，但不脱落。天气潮湿时，病斑上生出黑色绒毛状霉层。一般植株下部的叶片先发病，再向上部蔓延。

叶柄和茎秆症状：多发生于分枝处，病斑长圆形，黑褐色，有轮纹。

薯块症状：薯块很少发病，一旦受侵后，薯皮略下凹，出现边缘清楚的褐黑色圆形或不规则病斑，病斑下的薯肉呈现褐色、海绵状干腐。潮湿时，病斑上均可生黑色霉层。

（2）防治方法

①加强栽培管理

选用健薯播种；合理密植，增施有机肥，推行配方施肥，增施钾肥，适时喷施叶面肥；合理灌溉，控制湿度，雨后及时清沟排渍降湿，促植株稳生稳长，增强抗病性。初见病株及时拔除或摘除病叶；收获时避免损伤，减少侵染；收后及时翻地，压埋病菌，减少病源。

②药剂防治

发病初期，每公顷用80％代森锰锌可湿性粉剂0.9kg，或75％百菌清可湿性粉剂1.2kg，或77％氢氧化铜可湿性微粒粉剂1.5kg，或70％丙森辛可湿性粉剂1.05kg，或

64％恶霜锰锌可湿性粉剂 1.5kg，均兑水 750kg 喷雾防治，每隔 7~10d 喷 1 次，连续喷 2~3 次。

3. 马铃薯环腐病防治技术

马铃薯环腐病是危害马铃薯的主要病害之一，造成死苗、死株，发病严重的地块可减产 13％以上，如果收获时有病薯存在，常造成大量薯块腐烂，甚至引起烂窖。

（1）危害症状

①薯块症状

切开薯块可见皮层内现环纹或弧环死部，故称环腐，经窖藏，块茎芽眼变黑干枯或外表爆裂，播种不出芽，或出芽后枯死或形成病株。病株的根、茎部维管束变褐，病蔓有时溢出白色菌浓。

②茎叶症状

茎叶染病有枯斑和萎蔫两种类型。枯斑型：多在植物复叶的顶上发病，叶尖和叶缘及叶脉呈绿色，叶肉黄绿色或灰绿色，具明显斑驳，且叶尖干枯或向内卷，病情向上扩展，致全株枯死。萎蔫型：初期从顶端复叶开始萎蔫，叶肉稍内卷，似缺水状，病情向下扩展，全株叶片开始褪绿，内卷下垂，终致植株倒伏枯死。

（2）防治方法

①选用抗病品种

因地制宜地选择种植适合当地的抗病品种，如克星 1 号、陇薯 7 号、陇薯 5 号、新大坪、庄薯 3 号等，有条件的可种植脱毒种薯，二级种薯和二级以上种薯无感染环腐病。

②精选种薯

播种前把种薯堆放在室内进行晾种，精选无病种薯，剔除病烂薯。

③进行种薯和切刀消毒

切块时，准备两把以上切刀，浸在 0.1％的高锰酸钾溶液或 75％的酒精液中，先取出一把切刀，切一个薯块后，将刀方回药液，再用另一把切刀切下一个薯块，如此交替使用。切好种薯后，进行种薯消毒，可用多抗霉素 100~200mg/kg 溶液，或用硫酸铜 50mg/kg 溶液浸泡种薯 10min，或用 47％春雷霉素 0.167kg，或链霉素 0.017kg 兑水 50kg 浸种 10min。

④栽培管理

施用磷酸钙作种肥，在开花后期，加强田间检查，拔除病株及时处理，及时防治田间地下害虫，防止大水漫灌，减少传染机会。

（二）马铃薯田金针虫防治方法

金针虫是叩头甲的幼虫，俗名铁棍子、火蚰蜒、钢丝虫等，是一种杂食性地下害虫。全国各地均有发生，主要危害麦类、玉米、马铃薯、瓜类、蔬菜等。

1. 金针虫危害症状

金针虫以幼虫为害，在土中咬食刚发芽的种子和幼苗的地下部分，造成缺苗断垄。成株期钻入根茎取食，可使植株逐渐枯萎死亡。马铃薯块茎常被蛀食成空洞，不堪食用，有的还会引起腐烂。

2. 防治方法

（1）药剂拌种

马铃薯播种前，每公顷用50％的辛硫磷乳油或48％的乐斯本乳油或48％毒死蜱乳油750mL，兑水22.5～30kg，搅匀后混拌1950～2250kg种块（即1公顷地种块）；晾干后播种，可有效防治金针虫、蛴等地下害虫。

（2）毒土处理

每公顷用50％的辛硫磷乳油2.25～3kg兑水75kg左右，拌粪土，起垄时均匀撒入垄底，然后起垄，既起到集中施肥的作用，又能有效防治金针虫等地下害虫；或用5％的毒死蜱颗粒剂每公顷30～45kg拌细土750kg，制成毒土均匀撒入垄底，然后起垄，也可有效防治金针虫。

（3）灌根防治

播种后出苗期若发现有金针虫危害，可用40％甲基异柳磷乳油2000倍液灌根（即每公顷用本药剂1.125～1.5L兑水2250～3000kg配成药液灌根，每穴不少于40mL该药液）；或用50％的辛硫磷乳油1500倍液灌根（即每公顷用本药剂2.25L兑水3300kg配成药液灌根，每穴不少于40mL该药液）。

（4）注意事项

甲基异柳磷毒性较高，使用时要严格按照使用安全说明进行操作，严防中毒事故发生；装过农药的空瓶要及时深埋地下，不能乱扔或作他用。

三、马铃薯主栽品种介绍

（一）陇薯 3 号

1. 品种来源

陇薯 3 号是甘肃省农科院马铃薯研究所育成的高淀粉马铃薯新品种。

2. 生育期

该品种中晚熟，生育期（出苗至成熟）110d 左右。

3. 特征特性

株型半直立较紧凑，株高 60～70cm。茎绿色、叶片深绿色，花冠白色。薯块扁圆或椭圆形，大而整齐，黄皮黄肉，芽眼较浅并呈淡紫红色。结薯集中，单株结薯 5～7 个，大中薯重率 90％以上。块茎休眠期长，耐贮藏。薯块干物质含量 24.10％～30.66％，淀粉含量 20.09％～24.25％，品质优良，食用口感好，有香味。特别是淀粉含量比一般中晚熟品种高出 3～5 个百分点，十分适宜淀粉加工。该品种抗病性强，高抗晚疫病，对花叶、卷叶病毒病具有田间抗性。产量高，最高产量 75 000kg/hm² 以上。

4. 适应范围

该品种适宜于高寒阴湿、二阴地区及干旱山区种植。

栽培技术要点：

（1）适期播种，一般 4 月下旬播种，起大垄双行点播，密度 60 000～67 500 株/hm² 为宜。

（2）每公顷施农肥 52 500～75 000kg、磷酸二铵 300kg、尿素 225kg、硫酸钾 150kg。

（3）及时防治晚疫病。

（二）陇薯 6 号

1. 品种来源

陇薯 6 号，原系号 L9408—10，由甘肃省农科院马铃薯研究所育成。

2. 生育期

该品种晚熟，生育期（出苗至成熟）120d 左右。

3. 特征特性

株型半直立，株高 70～80cm，幼苗生长势强，植株繁茂，主茎分枝较多，茎绿色，叶深绿色，花冠乳白色。结薯集中，单株结薯 5~8 个，薯块扁圆形，淡黄皮白肉，芽眼浅，大中薯重率 90% 以上；薯块休眠期中长，较耐贮藏。薯块含干物质 28.9%、淀粉 21.33%，食用品质优良，可粮菜兼用，并适合用于淀粉加工。该品种田间表现抗退化能力强，高抗晚疫病，高抗病毒病，中抗花叶病毒病。一般产量 42 000~60 000kg/hm^2。

4. 适应范围

该品种适宜于高寒阴湿、二阴地区及干旱山区种植。

5. 栽培技术要点

（1）适期播种，一般 4 月下旬播种，起大垄双行点播，密度 52 500~60 000 株/hm^2 为宜。

（2）注意重施底肥，氮、磷、钾肥配合使用，切忌氮肥过量，避免植株徒长，一般每公顷施农肥 52 500~75 000kg、磷酸二铵 300kg、尿素 270kg、硫酸钾 150kg。

（3）及时防治晚疫病。

（三）大西洋

1. 品种来源

大西洋（Atlantic），美国品种。

2. 生育期

中熟品种，生育期 90d 左右（出苗至收获）。

3. 特征特性

株型直立紧凑，株高 75cm 左右。茎基部有分布不规则的紫色斑点，茎秆粗壮，分枝少，叶肥大、亮绿色。块茎圆形，白皮白肉，表皮有轻微网纹，芽眼较浅，薯块整齐，结薯集中，大中薯重率高，较耐贮藏。该品种对 PVX 免疫，中抗晚疫病，抗旱性较强，水、旱地均可种植。块茎淀粉含量 17.8%，还原糖含量 0.03%，适宜油炸薯片加工。一般产量 22 500~30 000kg/hm^2。

4. 适应范围

该品种适应性较强，土质以沙壤为好，但不宜在严重干旱的沙质土上种植。

5. 栽培技术要点

（1）选择土质肥沃、耕层深厚，有机质含量高的地块。

（2）4 月下旬播种，起垄栽培，种植密度 57 000~60 000 株/hm^2，播种量 1950~

2250kg/hm²，种薯切块重 35g，播种前室外晒种 10~12d。

（3）每公顷施优质有机肥 45 000kg、磷酸二铵 300kg、尿素 450kg、硫酸钾 255kg。

（四）新大坪

1. 品种来源

定西市安定区。

2. 生育期

中熟品种，生育期（出苗至成熟）100d 左右。

3. 特征特性

株型半直立，幼苗长势强，成株繁茂，株高 40~50cm，茎粗 10~12cm，分枝中等，茎绿色，叶片肥大，墨绿色。薯块椭圆形，表皮光滑，白皮白肉，芽眼较浅且少，结薯集中，单株结薯 3~4 个，大中薯重率 95％以上。抗病毒病、中抗早疫病和晚疫病，薯块休眠期中等，耐贮性强，抗旱耐瘠。薯块干物质含量 27.8％，淀粉含量 20.19％，还原糖含量 0.16％，是淀粉加工型品种，一般产量 27 000~34 500kg/hm²。

4. 适应范围

本品种适宜范围广。

5. 栽培技术要点

（1）播期
高寒阴湿及二阴山区在 4 月下旬播种为宜，半干旱地区在 4 月中旬为宜。

（2）密度
旱薄地 37 500~45 000 株/hm²，高寒阴湿和川水保灌区 60 000~67 500 株/hm² 为宜。

（3）施肥
每公顷施优质农家肥 45 000~75 000kg、尿素 300kg、磷酸二铵 375kg、硫酸钾 150kg。其中 2/3 氮肥作底肥，1/3 作追肥，其他肥料结合播种一次性施入。

（五）夏波蒂

1. 品种来源

1980 年加拿大育成，1987 年从美国引进我国试种。

2. 生育期

本品种属中熟品种，从播种到成熟 100d 左右。

3. 特征特性

株型开张，株高 60~80cm，茎绿粗壮，多分枝，叶片浅绿色，卵圆形且密集较大；花浅紫色，开花较早，花期较长；结薯早且集中，薯块倾斜向上生长；块茎长椭圆形，一般长 10cm 以上，大的超过 20cm，白皮白肉，表皮光滑，芽眼极浅，大薯率高。该品种不抗旱、不抗涝，对涝特别敏感，喜沙壤土，退化快，对早疫病、晚疫病敏感，块茎感病率高。块茎干物质含量 19%，还原糖 0.2%，是油炸薯条的主要品种。一般产量 22 500~45 000kg/hm^2，产量差异较大。

4. 适应范围

特别适宜高海拔冷凉干旱区种植。

5. 栽培技术要点

（1）选择土层深厚、排水通气性良好的沙壤土或轻沙壤土地块。

（2）密度每公顷 52 500~60 000 株，起垄深播。

（3）每公顷施优质农家肥 45 000~75 000kg、尿素 300kg、磷酸二铵 375kg、硫酸钾 150kg；

（4）及时注意控制病、虫、草害，特别应严格防治晚疫病。

（六）克星 6 号

1. 生育期

克星 6 号是一个早熟高产马铃薯品种，生育期 80d。

2. 特征特性

株型开展、繁茂，生长势中等，早期扩展迅速，株高 60cm，分枝少，茎绿色。花冠白色，叶片中等，叶色浅绿，叶缘平展，结薯期早，膨大快，结薯集中，薯块扁圆形，表皮光滑，黄皮浅黄肉，薯形整齐一致，块大、芽眼浅且数目中等。休眠期短，极耐贮藏。该品种中抗花叶病毒、轻感卷叶病毒，植株易感晚疫病、块茎较抗，植株轻感环腐病、块茎中抗。块茎干物质含量 21.4%，淀粉 13.3%，还原糖 0.04%，食用品质好，煮食口感优，是油炸薯片的主要品种。一般产量 30 000~37 500kg/hm^2。

3. 适应范围

该品种适应性较广，适宜于水川区、半干旱山区种植。

4. 栽培技术要点

（1）该品种耐水肥，适于水浇地高水肥栽培。

（2）植株分枝少，适于密植，每公顷 60 000～75 000 株为宜。

（3）增加肥料的投入，配比施肥，每公顷施优质农家肥 45 000～75 000kg、尿素 300kg、磷酸二铵 375kg、硫酸钾 150kg。

（4）严格防治晚疫病。

（七）荷兰 15 号

早熟，出苗后 60d 可收获。株型直立，株高 50cm 左右，长势强，分枝少，茎绿色。复叶大小中等，叶缘平展，叶色深绿。花白色，天然结实性中等。薯块圆形、长圆形，皮、肉淡黄色，芽眼少而浅，表皮光滑，薯块大而整齐，结薯集中，该品种肥水好的地块可获高产，一般产量 37 500Kg/hm² 左右，高产可达 52 500kg/hm² 以上。

（八）陇薯 8 号

1. 品种来源

以大西洋为母本，以创新资源材料 L9705-9 为父本杂交选育而成，原代号 L0206-6，由甘肃省农业科学院马铃薯研究所选育。

2. 生育期

中晚熟，出苗至成熟 116d 左右。

3. 特征特性

中晚熟，出苗至成熟 116d 左右，株型半直立，株高 65～70cm。茎绿色局部带褐色网纹，叶绿色，花冠白色，天然结实性较强。薯块椭圆形，淡黄皮淡黄肉，薯皮粗糙，芽眼较浅，顶芽浅红色，薯形好，结薯集中，单株结薯 5～6 个，商品薯率 80％ 以上。抗晚疫病，对花叶病毒病和卷叶病毒病具有很好的田间抗性。

4. 适应范围

适宜在甘肃省高寒阴湿、二阴地区及半干旱地区种植。

5. 栽培技术要点

选用脱毒种薯，或建立种薯田，选优选健留种。高寒阴湿、二阴地区 4 月中旬播种，半干旱地区 4 月上、中旬播种。播种密度一般 52 500～60 000 穴/hm²，旱薄地 37 500～45 000 穴/hm²。重施底肥，氮、磷、钾配合，早施追肥，切忌氮肥过量。在收获前一周割掉薯秧，以便晒地和促使薯皮老化。

第二节 向日葵生产技术

一、向日葵主要栽培技术

(一) 向日葵双垄沟播节水栽培技术

1. 播前准备

(1) 轮作倒茬

向日葵是较为抗旱、耐瘠薄、耐盐碱的作物，除沼泽土、重砂质土和石灰质土外，均可种植。必须坚持四年以上轮作，不应和深根作物连作，忌重茬和迎茬，禾谷类作物（小麦、大麦等）是较好的前茬。

(2) 精细整地

平整土地，机械深翻 20~25cm，结合深翻每公顷施用农家肥 30 000~45 000kg。

(3) 施足底肥

结合整地每公顷施磷酸二铵 300~375kg 或过磷酸钙 1500kg、尿素 300~450kg、硫酸钾 300kg，基肥在起垄时集中施入垄底效果较好。

(4) 选用良种

选用适应当地环境、抗病性强、产量高的优质高产品种。播前应晒种 2~3d，以增强种子内部酶的活性，提高发芽势和发芽率。同时用 40％锌硫磷 150mL，兑水 5~7kg，拌种 25~30kg；用种衣剂进行拌种包衣，以防地下害虫。用多菌灵 500 倍液浸种 6h，或用菌核净、甲基托布津等拌种，用药量为种子量的 0.5％~0.6％，以防治菌核病。

(5) 土壤处理

地下害虫危害严重的地块应在整地起垄时每公顷用 40％辛硫磷乳油 7.5kg 加细沙土 450kg 制成毒土撒施，杂草严重的地块在整地起垄后覆膜前用 48％的仲丁灵乳油每公顷 1875~2250mL 兑水 450~750kg 喷洒垄面。

(6) 起垄覆膜

向日葵双垄沟灌节水栽培采用双垄、宽窄行栽培，宽行 70~80cm，窄行 40cm，垄高 10~12cm。一般 4 月上旬土壤耕层解冻 10~15cm 时及时起垄，以利保墒。起垄时用起垄全铺膜联合作业机一次完成起垄覆膜作业。选用厚度 0.008mm、宽度 120cm 的聚乙烯农用地膜，每公顷用量 75kg。

（7）压膜打孔

机械起垄覆膜后，检查覆膜质量及宽垄上两幅膜相接处的压土情况，加以人工整理加固。两幅膜相接处必须用土压紧压实，每隔2~3m横压土腰带。在垄沟内及时打渗水孔，以便降水、灌水渗入土壤。

2. 播种

（1）播种时间

当地温稳定通过10℃时，一般在4月中旬播种。播期根据生长特性调整，使开花灌浆期避开28℃以上高温天气。LD5009在4月20日左右播种产量最高，5月10日后播种出现成熟不足，造成产量、质量下降，秕粒增加，空壳率高。

（2）播种密度

向日葵全膜双垄沟灌节水技术，种子播于大小垄阳面垄侧，株距30~35cm（35~40cm），每公顷保苗52 500~60 000株。

（3）播种方式

采用先覆膜后播种方式，播种时将两行的播种穴错开位置播种，破膜播种，然后用细沙或草木灰封孔，沙土地和不易板结的地块，可点播于沟底，每公顷播量根据品种而定，一般9.75~10.5kg。

3. 田间管理

（1）防虫保苗

幼苗期主要有地老虎、黑绒金龟子、金针虫等害虫，一经发现虫情，立即用锌硫磷800~1000倍液灌根。用符合无公害农药杀灭田鼠，及时进行地面锄草杀卵。盐碱地适时早浇亦可起到降低地下害虫危害的作用。

（2）间苗定苗

在出苗1~2对真叶时间苗，在2~3对真叶时定苗。

（3）中耕除草

在苗期要结合中耕除净垄间和苗眼的杂草。

（4）灌水追肥

苗期一般不追肥。现蕾到开花期是向日葵需要营养物质的主要时期。在现蕾期结合浇头水每公顷追施尿素150~300kg。在开花期结合浇二水追施尿素150kg。根据苗情在灌浆期浇第三水。全生育期灌3~5次水（现蕾期、初花期、盛花期、灌浆期灌水），灌水采用沟内灌水。每次灌水750~900m³/hm²。

（5）辅助授粉

引蜂传粉。在开花季节把蜂箱均匀分布在向日葵田附近，距离 100m 左右，进行引蜂授粉。人工辅助授粉。当田间开花株数达到 70％以上，进行第一次授粉，每隔 3d 进行一次，共授粉 2~3 次。授粉方法是：用直径 10cm 左右的圆形硬纸板，上面铺一层棉花后再包上一层干净的纱布，做成"粉扑子"。授粉时，一手握住花盘背面脖颈处，另一手用"粉扑子"在花盘开花部位轻扑几下。

（6）病虫害防治

向日葵生长中后期如有锈病发生，用 70％代森锰锌 600 倍液或 25％粉锈宁每公顷 600g 兑水 450kg 喷雾。为防治菌核病，用 50％速克灵可湿性粉剂 1000 倍液或菌核净 800 倍液在初花期将药喷在花盘的正反两面，隔 10d 喷药一次；为防治锈病，一般可在 7 月中旬，每亩用 15％三唑酮可湿性粉剂 800~1200 倍液进行喷施，时间要选择在阴天或下午 6 时以后进行。

4. 适时收获

当葵花秆变黄，上部叶片变成黄绿色，下部叶片枯黄下垂，花盘背面变成褐色时，舌状花朵干枯脱落，苞叶黄枯变成本品种特有颜色，黑中透亮，带有小白条纹，种仁里没有过多水分时收获。收获后及时晾晒，防止籽粒损伤和霉变，影响品质。

（二）全膜宽窄双垄沟播沟灌葵花栽培技术

全膜双垄沟播沟灌技术就是在田间起大小双垄，用地膜全覆盖，在沟内、垄侧播种作物的种植技术，主要技术要点如下：

1. 冬前工作

（1）整地

上年前茬作物收获后，及时深耕耙糖，拾净旧膜和根茬，尤其是玉米和葵花茬，必须将根茬拾净，否则在起垄覆膜时会直接影响机器操作和起垄覆膜质量，进而影响作物出苗和产量。

（2）灌水

泡地可以是冬水或春水，但要灌足灌好，一般用水 $1800m^3/hm^2$，冬灌地及时做好镇压保墒工作。有条件的话，每公顷施农家肥 60 000kg 左右。

2. 起垄前工作

（1）土壤处理

如果金针虫等地下害虫严重可用 40％辛硫磷乳油在旋地时喷洒，如野燕麦草严重，可用燕麦畏毒土在旋地前撒入地面。

（2）施肥

施肥方法、数量同大田玉米。

（3）除草剂使用

除草剂种类和施肥方法同大田玉米。

（4）起垄机具及物资准备

用专用起垄覆膜机，配套动力为 18 马力以上的带有后动力输出轴的四轮拖拉机。用宽 1.2m 的地膜，每公顷一般用地膜 90kg 左右。

3. 起垄覆膜工作

（1）选用能熟练操作四轮拖拉机的机手，顺着地块的长边开始起垄覆膜，最好是顺着灌水水流方向起垄，一般需要两名辅助人员，一人及时排除起垄机上土槽内堵塞的前茬根系、废地膜、杂物及土块，一人及时补压机子未压土部分地膜，以防大风扯膜。

（2）每一作业面幅宽 1.1m，其中双窄垄宽 60cm，两边压膜垄各宽 25cm，下一幅起垄时，四轮拖拉机的后轮要刚压到前一幅膜的边缘，膜与膜刚好接住。这样就形成了双垄沟宽 60cm、宽垄 50cm。特别要注意接膜的垄距不能宽于 50cm。

（3）地块两头不能横着起垄，只能在机器作业时，留 5～6m 地膜，人工开沟起垄压膜。这样就能更好地起到节水和增产的效果（通风条件好）。

（4）一块地作业完后，要仔细检查地膜压土情况，若有未压实压好地方，人工要压好，防止大风揭膜。

（5）起垄后要及时打渗水孔，方法是用铁叉在沟内每隔 1m 左右扎一下，这是为了将降水及时地渗入地膜内，充分利用自然降水，增加地膜内湿度，保证苗全。

4. 播种工作

（1）播种位置：在每条沟的阳面，距沟底 5cm 处点播种子，在沙性较大的地块，可以直接播到沟内（利于机播）。严禁种在垄上（因为一是墒情差，二是播种后失墒严重，影响出苗）。

（2）播种密度：根据不同品种密度要求进行调整株距（在包装袋上都要有密度要求）。具体调整公式为：株距 = 22 020/密度，比如当密度为 9000 株/hm^2 时，则株距为 22 020/90 000 = 0.25，株距为 25cm，当向日葵密度为 67 500 株/hm^2 时，株距为 22 020/67 500 = 0.33，株距为 33cm。

（3）播种时要随时用土封住播种孔，防止钻风后揭膜和失墒。

（4）在灌水条件好的地方可以在接膜的垄上套种两行黄豆、豌豆等矮秆作物。

5. 田间管理工作

（1）灌水：根据各地配水时间进行灌溉，每次灌水时，水刚灌满沟即可。

（2）其他管理同大田玉米。

（三）向日葵露地栽培技术

1. 播前准备

（1）选地与整地

向日葵对土壤适应范围广、耐瘠能力强，可在粮食作物与经济作物生长差、产量低的地块种植。向日葵也是新垦荒地的先锋作物，较好的前茬作物是麦类、油菜、草木樨、黍类等。在有菌核病、蒙古灰象甲为害地区，不宜与豆科作物连作。向日葵需肥多，特别是钾肥的需要量大，不宜连作，要求土壤耕作层为 30~35cm。

（2）选用良种，做好种子处理

选择适合本地区的高产优良品种，大力推广胞质雄性不育杂交种，目前推广的优良品种为新葵杂 4、5、6 号及 G101。种子播种之前进行筛选或人工粒选，去掉杂粒、小粒、秕粒、虫蛀粒及其他杂质提高纯度。播种前应晒种 1~2d，以提高发芽率。霜霉病、黑斑病重和地下害虫严重的地区，要做好药剂拌种。

2. 播种

（1）播种时期

适时早播出苗早、产量高，可避免和减轻病虫危害。向日葵对短时间的早霜和晚霜均有耐受力，幼苗可耐短期-5~3℃的低温，植株可耐-7℃短时的低温。早春可抢雪墒播种，当 5cm 地温连续 4~5d 稳定在 8~10℃时即可播种，播种期一般在 4 月上中旬。

向日葵可采用临冬播种，但须掌握好播种适期，防止冬前出苗冻死。

向日葵复播，应选择生育较短的油葵品种，播种期越早越好，大部分地区可在 6 月下旬复播。应在 7 月 5 日前播完种，浇上水。

（2）播种质量

向日葵属双子叶植物，顶土力弱，播种不宜过深，一般为 4~5cm，但过浅因墒情不足，不易发芽，甚至发芽时幼苗带壳出土，影响光合作用，影响全苗、壮苗。在盐碱较重地区，向日葵能丰收，关键在于保全苗。播种方法为机械条播、点播，也可人工穴播。每穴种子 2~3 粒，播量 7.5~10kg/hm²。

3. 查苗补种，适时间苗和定苗

向日葵为双子叶作物，幼苗出土较困难。春播向日葵一般种在瘠薄地上，特别是播在盐碱地上,播后遇雨使表层结成硬壳,出苗更加困难。受鸟、鼠、虫等为害,都可造成严重缺苗。因此,出苗后应及时查苗补种或小苗移栽。

1~2对真叶时间苗,2~3对真叶时定苗,但间、定苗应视当年病虫预报情况而决定。定苗密度随品种、土壤盐碱轻重不同而定,一般油用种植株矮小,种植密度可在45 000株/hm²左右,重盐碱地瘦地密度,宜在52 500~60 000株/hm²;新开垦盐碱荒地92 000株/hm²;复播地60 000~75 000株/hm²。食用种植株高大,密度30 000~45 000株/hm²。

4. 中耕除草

生育期间一般中耕2~3次,第一次在现行时进行,深度8~10cm;第二次在定苗前进行,中耕后再定苗;第三次在封垄前结合追肥开沟进行,沟深14~16cm。

5. 施肥

向日葵株繁叶茂,需要养分比一般作物多,其肥料的丰缺,直接影响它的生长发育和产量的形成,与油分的形成也有密切关系。生产上往往将向日葵种在薄地上,因此,合理施肥显得更为重要。苗期是向日葵需磷的"临界期",种肥应以磷肥为主,配合部分氮肥。追肥以氮素化肥为主,配合一定量的钾肥。向日葵从现蕾到开花正是营养生长和生殖生长同时并进的旺盛阶段,需要养分多而集中。追肥可结合中耕开沟一起进行。

6. 灌水

向日葵从出苗到现蕾前,在底墒好的情况下可不灌水,主要进行蹲苗。向日葵生育期灌水要掌握三个关键时期,即现蕾、开花、灌浆期。一般在现蕾时浇头水,此后12~15d即初花期浇第二水,再隔10d浇第三水,灌浆期浇第四水。浇水中要注意浇水质量,盐碱较重的地块必须采用大水浇灌,一是为了满足向日葵需水,二是为了淋盐洗盐,减少盐碱危害。

7. 打杈和打老叶

向日葵除对多头品种留3~5个分枝外,其余杈均要及时打掉,确保主茎花盘养分充足,籽粒饱满。打杈要及时,当中、上部叶腋中分枝一冒头即打掉,打杈时要避免伤茎皮。

8. 人工辅助授粉

向日葵是虫媒异花授粉作物,往往授粉不良,空壳率较高。为了提高结实率,可采用养蜂和人工辅助授粉两种方法。每0.33~0.47hm²向日葵放养一群蜜蜂,可提高结实率10%~20%,增产效果显著,并能兼收蜂蜜15kg左右,应予大力推广。

人工辅助授粉方法有:①软扑授粉法;②花盘接触法等。

人工辅助授粉应在盛花期进行，每隔1~2d进行一次，连续进行2~3次。授粉时间在上午露水消失后9：00~11：00。这时花粉较多，生命力强，授粉效果较好。

9. 防治病、虫、草害

向日葵的病、虫、草害种类很多，其中以苗期害虫和为害葵盘籽实害虫以及寄生性杂草列当的发生较为普遍而严重，如向日葵锈病、向日葵霜霉病和向日葵螟虫等，应加强防治。

10. 收获及贮藏

生理成熟期前25d，是油分旺盛形成期，可形成籽实含油量的80％，不宜过早收获。

过晚收获，种子过干，遇风易落粒，遇雨易烂头，鸟害严重，产量损失大。

适宜收获最好的时机，从植株外形上看，大部分花盘背面变色，从花盘背面边缘向里有2~3cm变成褐色，茎秆变黄或黄绿，中上部叶黄化或脱落，种子皮壳硬化呈本品种固有的颜色。收获方法除用人工收获外，大面积则将谷物联合收割机（康拜因）加以改装，加大滚筒间隙，降低转速，直接在田间收割脱粒。

向日葵的安全贮藏，主要决定于种子含水量，其次是杂质，食用种的安全含水量要求达到10％~12％，高油种子含水量要低于7％，并且在干燥低温下贮藏。

二、向日葵主要病虫害防治技术

（一）向日葵主要病害防治

1. 向日葵菌核病的防治技术

向日葵菌核病，又叫白腐病，俗称烂盘病。是一种土传病害，整个生育期均可发病，造成茎秆、叶、花盘及种仁腐烂。常见的有根腐型、茎腐型、叶腐型、花腐型（也叫盘腐型）四种症状，其中，根腐型、盘腐型受害最重。近几年来，随着向日葵种植面积的不断扩大，向日葵菌核病每年都有不同程度发生，对向日葵的产量和品质都有很大影响。

（1）危害症状

①根腐型

从苗期至收获期均可发生，苗期染病时幼芽和胚根生水浸状褐色斑，扩展后腐烂，幼苗不能出土或虽能出土，但随病斑扩展萎蔫而死。成株期染病，根或茎基部产生褐色病斑，逐渐扩展到根的其他部位和茎，后向上或左右扩展，长可达1m，有同心轮纹，潮湿时病部长出白色菌丝和鼠粪状菌核，重病株萎蔫枯死，组织腐朽易断，内部有黑色菌核。

②茎腐型

茎腐型主要发生在茎的中上部，初呈椭圆形褐色斑，后扩展，病斑中央浅褐色具同心轮纹，病部以上叶片萎蔫，病斑表面很少形成菌核。

③叶腐型

病斑褐色椭圆形，稍有同心轮纹，湿度大时迅速蔓延至全叶，天气干燥时病斑从中间裂开穿孔或脱落。

④花腐型

花腐型病害表现为花盘受害后，盘背面出现水浸状病斑，后期变褐腐烂，长出白色菌丝，在瘦果和果座之间蔓延，形成黑色菌核，花盘腐烂后脱落，瘦果不能成熟。受害较轻的花盘，结出的种子粒小、无光泽、味苦、表皮脱落，多数种子不能发芽。

（2）防治方法

①加强栽培管理

实行轮作，与禾本科作物实行5~6年轮作。菌核在土壤中可存活数年，一般3年后活力大部丧失，所以，采取向日葵与禾本科作物轮作换茬，能大大减轻发病。轮作时间越长效果越好，但不能与豆科、十字花科等作物轮作；深翻耕，将地面上菌核翻入深土中10cm以下，使其不能萌发；适当晚播，使花期和多雨季节错开。强调开花期是因为：雨季是孢子弹射的盛期，且弹射到葵盘上对向日葵产量造成的损失最大，且葵盘的海绵组织为菌核的易侵染部位，孢子萌发所需湿度在90％以上。

②清除田间病残体，发现病株拔除并烧毁

搞好田园卫生将病株、残枝败叶、病花盘、籽粒彻底清除出田间深埋，或烧掉以减少病源。同时增施磷钾肥。

③药剂防治

用40％纹枯利800~1000倍液，在向日葵现蕾前或在盛花期，喷洒植物的下部和花盘背面1~2次。用50％托布津可湿性粉剂1000倍液，在向日葵现蕾前或在盛花期喷洒1~2次。用50％速克灵500~1000倍液，在苗期或开花期喷洒，防治效果可达80％以上。当气温达18~20℃、0~5cm深表土含水量在11％以上、子囊盘开始出土时，是地面撒药的最佳时期，每公顷可用70％五氯硝基苯30~45kg，加湿润的细土150~225kg，掺拌均匀后撒在田间，可抑制菌核的萌发和杀死刚萌发的幼嫩芽管，抑菌率可达91.3％，防治效果达78.5％以上。

④滴灌防治

利用滴灌控制水量。利用膜下滴灌调节供水量，避免了低洼积水现象，控制田间湿度，从而降低向日葵菌核病的发生。也可以利用滴灌进行随水施肥，膜下滴灌提高了作物抗病的能力，亦可做到适时适量，可省肥 20％左右。膜下滴灌节水 50％，减少深层渗漏，能较好地防止土壤次生盐碱化。滴灌随水施肥、施药，既节约了化肥和农药，又减少了对土壤和环境的污染。

2. 向日葵黄萎病的防治技术

向日葵黄萎病是向日葵生产的一种主要病害，可大幅度降低向日葵籽粒的产量和品质。近年来，随着向日葵播种面积的不断增加，黄萎病的发生日趋严重。

（1）危害症状

主要在成株期发生，开花前后叶尖叶肉部分开始褪绿，后整个叶片的叶肉组织褪绿，叶缘和侧脉之间发黄，后转褐坏死；后期病情逐渐向上位叶扩展，横剖病茎维管束褐变。发病重的植株下部叶片全部干枯死亡，中位叶呈斑驳状，严重的花前即枯死，湿度大时叶两面或茎部均可出现白霉。

（2）防治方法

①农业防治

种植抗病品种；与禾本科作物实行 3 年以上轮作；加强田间管理，发现病株要及时把病株及残体清除在田间烧毁。

②药剂防治

播种前用 2.5％适乐时种衣剂，用量按药种重量比 1∶200 进行包衣。晾干后播种。必要时用 30％土菌消水剂 1000 倍稀释液、3.2％恶甲水剂 300 倍液或 20％萎锈灵乳油 400 倍液灌根，每株灌兑好的药液 400~500mL。

3. 向日葵霜霉病的防治技术

向日葵霜霉病是向日葵的主要病害，造成向日葵植株矮化，不能结盘或幼苗死亡，严重影响产量和品质。

（1）危害症状

向日葵霜霉病在苗期、成株期均可发病。苗期染病 2~3 片真叶时开始显症，叶片受害后叶面沿叶脉开始出现褪绿斑块，叶背可见白色绒状霉层，病株生长缓慢或朽住不长。成株染病初期近叶柄处生淡绿色褪色斑，沿叶脉向两侧扩展，后变黄色并向叶尖蔓延，出现褪绿黄斑，湿度大时叶背面沿叶脉间或整个叶背出现白色绒层，厚密。后期叶片变褐焦枯，茎顶端叶簇生状。病株较健株矮，节间缩短，茎变粗，叶柄缩短，随病情扩展，花盘畸形，失去向阳性能，开花时间较健株延长，结实失常或空秆。

（2）防治方法

①农业防治

与禾本科作物实行 3～5 年轮作；选用抗病品种，适期播种，合理密植。田间发现病株要及时拔除。

②药剂防治

发病重的地区用种子重量 0.5％的 25％甲霜灵拌种，或用 350mL 精甲霜灵种子处理乳剂包衣，拌种比例为（0.035～0.105）kg/100kg 种子，晾干后播种。苗期或成株发病后，喷洒 58％甲霜灵锰锌可湿性粉剂 1000 倍液，或 40％增效瑞毒霉可湿性粉剂 600～800 倍液、72％杜邦克露或 72％克霜氰或 72％霜脲·锰锌或 72％霜霸可湿性粉剂 700～800 倍液。

4. 向日葵列当的防治技术

向日葵列当又称毒根草、兔子拐棍，是一年生草本植物，属双子叶植物，是一种危害性极强的检疫性杂草，主要寄生在向日葵、烟草、番茄、瓜类等双子叶植物的根上，用吸盘深入向日葵根部组织吸收养分。向日葵被列当寄生后，植株细弱，花盘较小，秕粒增加，一株向日葵寄生 15 株列当，便有 30％～40％的秕粒。向日葵幼苗被列当寄生后，不能正常生长，甚至干枯死亡。

（1）传播途径和发病条件

向日葵列当以种子在土壤中或混在向日葵种子中越冬，每株列当能产生极小的深褐色种子上万粒。落入土中的列当种子接触寄主植物的根部，列当种子即萌发，形成幼芽，长出幼苗，下部形成吸盘，深入寄主根内吸取养分和水分。当列当种子落土后没有与寄主植物接触，在土中仍然能保持 5～10 年发芽力。列当发生期不整齐，7 月初到 9 月中旬均有列当出土、开花、结实。从向日葵根部土表上生出的黄色、肉质粗茎，不分枝，开紫花的草本列当，叶片退化，无真正的根，以吸根固着在向日葵根部，吸收向日葵营养物质和水分。向日葵受害后，生长缓慢或停滞，严重时，在开花前枯死。列当适于在中碱性土壤上生长，在 pH 值低于 6.5 的酸性土壤上很少见到这类植物。向日葵开花期列当肉质茎伸出土面，很快开花结实。因而连作地列当种子多，发病重；干旱或施肥不当发病也多；向日葵品种间抗病性有差异。

（2）防治方法

①不同的向日葵品种对列当的寄生程度明显不同，所以，选用经过鉴定在当地对列当具有抗性的品种是防除列当的经济有效措施。

②对重茬、迎茬地实行一定年限的轮作倒茬。由于列当的种子在无寄主根的分泌物时不能萌芽，且在土壤中休眠期长达 10 年之久，而且列当不寄生单子叶植物，所以对重发

生田块可改种非寄主作物，宜与麦类、甜菜、玉米、谷子、糜子等作物轮作，年限不少于6年。在受列当危害的地区，种植向日葵的间断周期不得少于5~6年。在轮作种植其他作物的田间，必须彻底铲除向日葵自生苗。

③及时铲除田间列当苗和向日葵自生苗。在列当出土盛期和结实前中耕锄草2~3次。由于列当从向日葵开始形成花盘到成熟均可寄生出土，药剂防治成本较高，因此，增加中耕次数、及时拔除列当苗及向日葵自生苗是一项经济有效的防治方法。对不分枝列当开花前要连根拔除或人工铲除并将其烧毁或深埋。

④严格检疫制度，严禁从病区调运混有列当的向日葵种子。列当靠种子传播，其种子异常小，极易随风、雨、土壤以及人、畜、农具等进行传播，尤其易随换种或调种远距离传播。因此，要禁止从发生列当的区域调运向日葵种子，以杜绝列当蔓延传播。

⑤药剂防治。用0.2%的2，4-D丁酯水溶液，喷洒于列当植株和土壤表面，8~12d后可杀列当80%左右。当向日葵花盘直径普遍超过10cm时，才能田间喷药，否则易发生药害。在向日葵和豆类间作地不能施药，因豆类易受药害死亡。另外，在播种前至出苗前喷氟乐灵10 000倍液于表土，或在列当盛花期之前，用10%硝氨水灌根，每株150mL左右，9日后即死亡。

⑥诱发列当出苗后铲除。根据列当发芽离不开向日葵根系分泌物刺激的特点，可采用诱发列当萌发的办法进行防治。此法可与轮作相结合防治列当。在列当危害严重的春播玉米田内，将另一块地高密度播种的向日葵在列当正常萌发出土时期将向日葵苗连根拔起，趁鲜嫩时切短捣碎，施入玉米行间的垄沟里，覆土掩埋，诱使列当种子萌发，结果列当种子萌发后由于没有寄主而后全部枯死，如此连续进行两年则可将田间积蓄的列当种子全部消灭。

（二）向日葵螟的防治技术

向日葵螟又称葵螟，是以幼虫为害向日葵花盘、花萼片和籽粒的一种主要害虫。幼虫蛀入花盘后，由外向中心逐渐延伸，将种仁部分或全部吃掉，形成空壳或深蛀花盘，将花盘内蛀成很多隧道，并将咬下的碎屑和排出的粪便填充其中，污染花盘，遇雨后可造成花盘和籽粒发霉腐烂。一头幼虫可蛀食7粒至12粒种子，严重影响了向日葵的产量和品质。

1. 形态特征

向日葵螟成虫是一种灰褐色小蛾，体长8~12mm，翅展20~27mm，前翅狭长，近中央处有4个黑斑，灰褐色，后翅浅灰褐色，具有暗色脉纹和边缘，成虫静止时，前后翅紧贴体两侧，与向日葵种子很相似；卵，乳白色，椭圆形，长0.8mm，卵壳有光泽，具有不规则的浅网纹；幼虫体长约 9mm，呈淡灰色，腹部色泽更浅一些。背部有 3 条暗色或淡棕色纵带，头部黄褐色，前胸盾板淡黄色，气门黑色，体被稀疏的淡棕毛。蛹体长 9 ~ 12mm，为浅棕色，羽化成虫之前为深棕色。

2. 防治方法

（1）农业防治

选用抗虫品种，硬壳品种受害轻，小粒黑色油用种较食用种受害轻。第一、二代幼虫老熟后从向日葵盘上吐丝落地，潜入 15 ~ 20cm 深土层中越冬。收获后用大型耕作机械进行秋深翻并冬灌，将大量越冬虫茧翻压入土 25cm 以下。春季在葵螟成虫出土前进行整地镇压，可阻止向日葵螟幼虫出土，减少大量越冬虫源。

（2）物理防治

用频振式杀虫灯诱杀成虫。在通电条件较为方便的田间或村边，每隔 120m 安置一盏频振式杀虫灯，每盏灯控制面积为 3 ~ 4hm²。从成虫羽化始期开始，一般在 5 月中下旬开灯到 8 月底结束，开灯 3 个月。天黑开灯，天亮关灯。定期清理虫袋。

（3）药剂防治

幼虫危害初期，用 90％敌百虫晶体或 50％巴丹 500 倍液进行喷雾，也可用 20％高效氯氰菊酯乳油 2000 倍液，或 2.5％溴氰菊酯乳油或生物制剂 BT 乳剂 300 倍液进行喷雾，每株花盘喷洒 40 ~ 50mL，每隔 5 ~ 7d 喷一次效果较好。在 7 月末 8 月初成虫盛发期的夜间 8 ~ 9 时，用喷烟机施放烟雾剂 1 ~ 2 次。使用的烟雾药剂有 80％敌敌畏乳油，每公顷用药 150 ~ 225mL。

三、向日葵主栽品种介绍

（一）LD-5009

1. 特征特性

株高 170 ~ 180cm，叶片数 30 ~ 32。茎秆粗壮，抗倒伏能力强，抗旱、耐瘠薄、结实率高。花盘直径 20 ~ 25cm。单粒长 2.0 ~ 2.2cm，宽 0.9cm，千粒重 170g 左右，籽粒黑皮兼白色条纹，干籽不脱皮。

2. 栽培要点

行距 45cm，株距 35 ~ 40cm，每公顷保苗 48 000 株。

3. 相宜范围

适宜在甘肃省民勤、金昌及相同生态类型食用向日葵种植区种植。吉林、辽宁、黑龙江及内蒙古地区。

（二）先瑞 9 号

1. 特征特性

植株：株高 162cm，茎粗 2.6cm，28 片叶，花盘倾斜度 3~5 级。

花盘：平盘，直径 20.6cm，舌状花黄色，管状花紫色，花药黄色，单盘粒重 103.3g。

籽粒：长卵形，黑白边，长 1.99cm，宽 0.79cm，百粒重 15.1g，籽仁率 44.2%。

2. 栽培要点

每公顷保苗 37 500 株左右。

第五章 蔬菜及其育苗

第一节 蔬菜的种类及环境条件要求

一、蔬菜的种类与分类

蔬菜作物的种类繁多。掌握蔬菜的种类及其分类的基础知识，对蔬菜工作者而言具有重要意义。通常基于蔬菜生产和栽培技术的发展等需要，蔬菜可以根据形态、习性、用途等进行分类，也可以根据系统发育中的亲缘关系和演化进行分类。目前常采用的有植物学分类、食用器官分类、农业生物学分类等多个蔬菜分类系统。

（一）植物学分类

植物学分类是根据蔬菜植物的形态特征、系统发育中的亲缘关系进行的分类。目前，我国栽培食用的蔬菜涉及藻类植物、菌类生物、蕨类植物、高等植物（被子植物）等6个门。其中，属于藻类植物的有9个种；属于菌类生物的有近350个种，其大部分为野生种，人工栽培的仅有20种左右；属于蕨类植物的有10个种左右，均为野生；大量的是被子植物门的高等植物，其涉及35个科、180多个种。植物学分类的优点是蔬菜植物按不同的科、属、种之间分类，在形态、生理、遗传，尤其是系统发育上的亲缘关系十分明确。明确蔬菜植物亲缘关系的远近，是进行蔬菜育种、提高栽培技术（包括实行轮作防病）的依据。

（二）按照食用部分分类

按照食用部分的器官形态，而不管它们在分类学及栽培上的关系，不包括食用菌等特殊的种类，只对种子植物而言，可分为根菜、茎菜、叶菜、花菜、果菜五个种类。

1. 根菜类

（1）肉质根类

萝卜、胡萝卜、大头菜、芜菁、芜菁甘蓝、根用甜菜（红菜头）等。

（2）块根类

豆薯、葛、牛蒡等。

2. 茎菜类

（1）地下茎类

块茎类马铃薯、菊芋。

根状茎类——藕、姜。

球茎类——慈姑、芋等。

（2）地上茎类

嫩茎莴苣、菜薹、茭白、竹笋、石刁柏等。

肉质茎——榨菜、球茎甘蓝等。

3. 叶菜类

（1）普通叶菜

小白菜、芥菜、菠菜、芹菜、莴苣、苋菜等。

（2）结球叶菜

结球甘蓝、大白菜、结球莴苣、包心芥菜。

（3）香辛叶菜

葱、韭菜、茴香。

（4）鳞茎类（形态上是由叶鞘基部膨大而成）

洋葱、大蒜、胡葱、百合。

4. 花菜类

花椰菜、金针菜、青花菜、朝鲜蓟等。

5. 果菜类

（1）瓠果类

南瓜、黄瓜、西瓜、甜瓜、冬瓜、瓠瓜、丝瓜、苦瓜、佛手瓜等。

（2）浆果类

茄子、番茄、辣椒。

（3）荚果类

菜豆、豇豆、刀豆、毛豆、豌豆、蚕豆等。

（4）杂果类

菜用玉米、菱等。

这种分类方法的特点是它们的食用器官相同，可以了解彼此在形态上及生理上的关系。

（三）生物学分类

生物学分类是以蔬菜的生物学特性作为分类的依据，综合了前一方法的优点，比较适合于生产上的要求。这种分类法把蔬菜分为 13 个大类。

1. 根菜类

根菜类包括萝卜、胡萝卜、大头菜、芜菁甘蓝、芜菁、根用甜菜等。这类蔬菜以其膨大的直根为食用部分，生长期中喜好冷凉的气候。在生长的第一年形成肉质根，贮藏大量的水分和糖分；到第二年开花结实，均用种子繁殖，要求轻松而深厚的土壤。

2. 白菜类

白菜类包括大白菜、小白菜等，均用种子繁殖，以柔嫩的叶丛、叶球、花球或花薹为食用部分。生长需要湿润、冷凉的气候和氮肥充足的肥沃土壤，如果温度过高、气候干燥，则生长不良。为两年生植物，在生长的第一年形成叶丛或叶球，到第二年才抽薹开花。

3. 甘蓝类

甘蓝类包括结球甘蓝、花椰菜、球茎甘蓝、抱子甘蓝、青花菜、芥蓝等。以柔嫩的叶丛、叶球、侧芽形成的小叶球、膨大肉质茎、花球或花茎为食用部分。生长需要温和、湿润的气候，适应性强。其特点是由种子发芽后长成一定大小的植株时才能接受温度感应而进入生殖生长发育阶段。

4. 芥菜类

芥菜类包括有根芥菜、叶芥菜、茎芥菜、薹芥菜、子芥菜等。以膨大肉质根、嫩茎、花茎、侧芽，以柔嫩的叶丛、叶球、侧芽、肉质根、嫩茎或种子为食用部分。生长需要湿润、冷凉的气候。易受病毒病的危害。这类蔬菜含有含硫的葡萄糖苷，经水解后产生有挥发性的芥子油，具有特殊的辛辣味。

5. 绿叶蔬菜

绿叶蔬菜是一种在分类上比较复杂，都以其幼嫩的绿叶或嫩茎为食用的蔬菜，如莴苣、芹菜、菠菜、茼蒿、苋菜、蕹菜等。这类蔬菜大都生长迅速，其中的蕹菜、落葵等能耐炎热，而莴苣、芹菜则好冷凉。由于它们的植株矮小，常作为高秆蔬菜的间作作物或套作作物，要求土壤水分及氮肥不断供应。

6. 葱蒜类

葱蒜类包括洋葱、大蒜、大葱、韭菜等，叶鞘基部能形成鳞茎，所以也叫作"鳞茎类"。洋葱及大蒜的叶鞘基部可以发达成为膨大的鳞茎，而韭菜、大葱、小葱等则不特别膨大。性耐寒，除了韭菜、大葱、细香葱以外，到了炎热的夏天，地上部都会枯萎。在长光照下形成鳞茎，而要求低温通过春化。可用种子繁殖（如洋葱、大葱、韭菜等），亦可用营养繁殖（如大蒜、分葱及韭菜）。以秋季及春季为主要栽培季节。

7. 茄果类

茄果类包括茄子、番茄和辣椒。这三种蔬菜不论在生物学特性还是栽培技术上，都很相似：要求肥沃的土壤及较高的温度，不耐寒冷，对日照长短的要求不严格。长江流域各地，主要都是在冬前或早春利用温床育苗，到气候温暖后才定植到露地中去，为春夏季主要蔬菜。

8. 瓜类

瓜类包括南瓜、黄瓜、西瓜、甜瓜、瓠瓜、冬瓜、丝瓜、苦瓜等。茎为蔓性，雌雄异花且同株，有一定的开花结果习性，要求较高的温度及充足的阳光。尤其是西瓜和甜瓜，适于昼热夜凉的大陆性气候及排水好的土壤。在栽培上，可利用施肥及整蔓等来控制其营养生长与结果的关系。

9. 豆类

豆类包括菜豆、豇豆、毛豆、刀豆、扁豆及蚕豆。除豌豆及蚕豆要求冷凉气候以外，其他豆类均要求温暖的环境。为夏季主要蔬菜之一。大都食用新鲜的种子及豆荚。豆类的根有根瘤菌，可以固定空气中的氮素。

10. 薯芋类

薯芋类包括一些地下根及地下茎的蔬菜，如马铃薯、山药、芋、姜等。富含淀粉，耐贮藏。均用营养钵繁殖。除马铃薯生长期较短、不耐高温外，其他薯芋类均能耐热，生长期亦较长。

11. 水生蔬菜

水生蔬菜是一些生长在沼泽地区的蔬菜，主要有藕、茭白、慈姑、荸荠、菱和水芹菜等。在分类学上很不相同，但在生态上要求在浅水中生长。除菱和芡实以外，都用营养钵繁殖。生长期间，要求热的气候及肥沃的土壤。多分布在长江以南湖沼多的地区。

12. 多年生蔬菜

多年生蔬菜包括竹笋、金针菜、石刁柏、食用大黄、百合等。一次繁殖以后，可以连续采收数年。除竹笋以外，地上部每年枯死，以地下根或茎越冬。

13. 食用菌类

食用菌类包括蘑菇、草菇、香菇、木耳等。其中有的是人工栽培的，有的是野生或半野生状态。

二、蔬菜对环境条件的要求

蔬菜的生长发育需要一定的环境条件，包括温度、水分、空气、土壤营养及生物条件等。各种蔬菜及其不同的生育期对环境条件的要求各不相同，只有了解蔬菜生长发育对环境条件的要求，才能正确采用栽培技术把蔬菜种植好。

（一）蔬菜对温度的要求

蔬菜对于温度敏感。在一定温度范围内，植株养分消耗低，积累多，生长发育好，能获得较高的产量。这一范围的温度即称为"适宜温度"。在适宜温度之外的最高温度和最低温度是植株生长发育对温度要求的极限，在这一极限以内，蔬菜虽然能生存，但会因生长不良或停滞而影响产量。这一限度之内的温度称为"适应温度"。当温度超过适应温度，蔬菜将不能进行正常的生理活动，会受到伤害而死亡。

1. 各类蔬菜对温度的要求

根据各类蔬菜对温度的要求不同，可以分为以下五类：

（1）耐寒蔬菜

耐寒蔬菜包括大蒜、大葱、菠菜、白菜类中的耐寒品种等。能耐-1~-2℃的低温，短期内可忍耐-10~-5℃的严寒，生长适宜温度为15~20℃。

（2）半耐寒蔬菜

半耐寒蔬菜包括芹菜、莴笋、萝卜、胡萝卜、甘蓝类、白菜类及豌豆、蚕豆等。不能长期忍受-2~-1℃的低温，生长适宜温度为17~20℃，超过20℃时生长不良，它们所适宜和能适应的温度范围较小。在长江以南均能露地越冬。

（3）耐寒而适应性广的蔬菜

耐寒而适应性广的蔬菜包括金针菜（黄花）、韭菜、石刁柏（芦笋）、茭白（蒿笋）等。它们的耐寒性与半耐寒蔬菜相似，但耐热力较强，其生长适温范围较广，适宜温度为12~24℃。到冬季，地上部枯死，而地下部的宿根越冬，能耐0℃以下甚至-10℃的低温。

（4）喜温蔬菜

喜温蔬菜包括番茄、辣椒、茄子、黄瓜、西葫芦、菜豆等。生长的适宜温度为20~

30℃，当温度超过40℃时生长停止，而低于10～15℃时授粉不良，引起落花落果。这类蔬菜除茄子、辣椒外，其耐热力均较差，因此，在长江以南采取春播或秋播，将结果期安排在适宜的季节。

（5）耐热蔬菜

耐热蔬菜包括南瓜、丝瓜、冬瓜、西瓜、甜瓜、豇豆、刀豆等。它们生长要求较高的温度，适宜温度为25～30℃，其中，西瓜、丝瓜、甜瓜、豇豆在40℃高温下仍能正常生长。因此，均采取春播夏收，把生长期安排在一年中温度最高的季节。

2. 不同生育期对温度的要求

（1）种子发芽期

种子发芽时要求较高的温度条件，一般喜温蔬菜种子为25～30℃之间，耐寒蔬菜为15～20℃之间。在其适宜温度内，温度升高，种子萌发及幼苗出土都加快；温度过低，则幼苗出土缓慢，出苗率降低或幼苗纤弱。

（2）幼苗期

蔬菜幼苗期适应温度的范围要比产品形成时期大，生长的适宜温度也比种子发芽时要低些。苗期温度过高，容易徒长，而不能成为壮苗。

（3）产品形成期

各类蔬菜在产品形成期要求的温度比较严格，适应范围较窄，温度过高过低都会影响产品器官的形成。如大白菜、甘蓝等，是以叶球为产品，在营养生长的前期温度要求比幼苗期高些，但在营养生长的中后期即结球时期则温度要求又要低些，否则叶球松散，产品质量差；茄果类、豆类、瓜类等蔬菜是以果实为产品，在开花结果的时期温度要求比幼苗期要高些，温度过高过低都会造成落花落果。因此，应尽可能将蔬菜产品形成期安排在温度适宜的季节里，以保证产品的优质高产。

（4）生殖生长及种子休眠期

各类蔬菜的生殖生长期（即开花结果）都要求较高温度，种子成熟时要求的温度更高。但是各类蔬菜的种子休眠期（包含作种子使用的器官）均要求低温，以降低呼吸强度，延长贮存时间。

3. 高温、低温对蔬菜的影响

（1）高温危害

各类蔬菜在超过生长适应温度范围的高温条件下，正常生理生化代谢受到影响，呼吸消耗大于同化积累，会使植株不能正常生长，影响花粉的发芽和花粉管的伸长，降低产品品质。如在高温下，甘蓝、大白菜结球不紧，萝卜肉质根变小、纤维增多；茄果类、豆类引起落花落果而降低产量。在高温或高温高湿条件下还会引起多种病害发生。

（2）低温危害

蔬菜遇过低的温度时，极易发生冻害和寒害，使植株停止生长，或引起落花落果，品质变劣，严重时使植株枯萎死亡。

4．温周期的作用

（1）温周期的作用

"温周期"是蔬菜生长发育对昼夜温度周期性变化的反应。白天较高的温度有利于植株光合作用，夜间温度较低可抑制植株呼吸作用，减少消耗，有利于同化产物的积累。这种有规律的昼夜温差，对于蔬菜的生长发育是有利的，许多蔬菜都在这样变温的环境中才能正常生长。一般热带的蔬菜要求昼夜温差较小，为 $3\sim6℃$，温带蔬菜为 $5\sim7℃$，沙漠或高原植物则为 $10℃$ 以上。

（2）春化作用

"春化作用"主要表现为低温对蔬菜发育所具有的诱导作用，只有通过此诱导作用蔬菜植株才能开花结果，从而完成生长发育的全过程。根据两年生蔬菜以及部分其他蔬菜通过春化的方式，春化作用可以分为两大类：

①种子春化

从种子开始萌动就可以接受低温通过春化。如大白菜、芥菜、萝卜、菠菜和莴笋等。

②绿体春化

要求幼苗长到一定大小才能通过春化。如甘蓝、洋葱、大蒜、芹菜等。这个"长到一定大小"通常用植株的茎粗、叶片数、叶面积来表示进入春化的时期。

通过春化要求的低温条件：白菜类及芥菜类在 $0\sim8℃$，萝卜在 $5℃$ 左右，甘蓝及洋葱在 $0\sim10℃$ 以下，芹菜 $8℃$ 左右。

春化要求的时间一般为 $10\sim30d$，有些对春化要求不严格的品种如菜心或菜薹栽培的品种，在低温条件下经 $5d$ 左右就可通过春化。

了解"春化作用"对于掌握这些两年生蔬菜的播种期、控制未熟抽薹、减少生产上的损失，具有重要意义。

（二）蔬菜对光照的要求

光是蔬菜生长的必需条件，光照强度、日照时数、光质变化等直接影响蔬菜的产量、品质和成熟期。

1. 光照强度对蔬菜的影响

根据各类蔬菜对光照强度的要求，可以分为三大类：

（1）要求较强光照的蔬菜

要求较强光照的蔬菜包括瓜类、茄果类、豆类、山药和豆薯（地瓜）等。

（2）要求中等光照的蔬菜

要求中等光照的蔬菜包括洋葱、大蒜、大葱、大白菜、花椰菜、甘蓝、萝卜、胡萝卜、芥菜类等。

（3）要求较弱光照的蔬菜

要求较弱光照的蔬菜主要是一些绿叶蔬菜如莴苣、菠菜、茼蒿、芹菜、小白菜及韭菜、小葱等。

在栽培上，光照的强弱必须与温度的高低相配合，才有利于蔬菜的生长发育。在适宜温度条件下，满足蔬菜对光照强度的要求，则生长健壮、产量高、品质好；反之，则植株生长不良，易落花落果和发生病虫害。

2. 日照时数（光周期）对蔬菜的影响

蔬菜在生长发育过程中需要一定的日照时数，才能正常生长，开花结实，即需要一定长短的昼夜交替的光周期条件。根据蔬菜开花结实对日照长短的要求，一般分为三种类型：

（1）长日性蔬菜

长日性蔬菜需要较长的日照（12~14h以上）促进植株开花，在短日照下则延迟开花或不开花。包括大白菜、小白菜、甘蓝、花椰菜、芥菜类、萝卜、胡萝卜、芜菁、芹菜、菠菜、莴苣、蚕豆、豌豆及大葱、大蒜、洋葱等。

（2）短日性蔬菜

短日性蔬菜需要较短的日照（12~14h以下）促进植株开花，在长日照下则延迟开花或不开花。包括豇豆、扁豆、苋菜、蕹菜、茼蒿、豆薯等。

（3）中光性蔬菜

中光性蔬菜对日照时数的长短要求不严格，在较长或较短的日照条件下都能开花。包括番茄、辣椒、茄子、黄瓜、菜豆等。

了解蔬菜对日照时数的要求，对在栽培中正确选择品种，确定适宜的播种期很有指导意义。如北方的洋葱品种不能引至南方栽培，否则易发生先期抽薹。

3. 光质对蔬菜的影响

太阳光的可见光谱中，各种波长的光对蔬菜生长有着不同的影响。橙色、红色光对于光合作用最为有效，绿色光吸收最少。营养器官的形成需要蓝、紫和黄绿的光波，如球茎甘蓝在蓝光下球茎容易形成，而在绿光下不易形成。红色、橙黄色等光可促进蔬菜茎部伸长，而蓝、紫光等则有抑制茎节间伸长的作用。

在蔬菜育苗及进行保护地栽培时，应注意覆盖物的透光性，满足蔬菜生长发育对不同光质的要求。

（三）蔬菜对水分的要求

蔬菜产品大多柔嫩多汁，含水量在90％以上。在蔬菜生长发育中，水既是对营养物质吸收和运输的溶剂，又是光合作用中最主要的原料。因此，水分是蔬菜生长发育的最重要条件之一。

1. 蔬菜的需水规律

各类蔬菜的需水要求与其根系吸收能力和茎叶蒸腾消耗有关。根据各类蔬菜的需水规律，可以分为五类：

（1）耐旱性蔬菜

耐旱性蔬菜适应于较低的土壤湿度和较干燥的空气环境，需水不多。具有强大的根群，吸水能力强，虽然叶面积大但表面有茸毛和裂刻，蒸腾作用小，水分消耗降低，抗旱力很强。如南瓜、苦瓜、西瓜、甜瓜等。

（2）半耐旱性蔬菜

半耐旱性蔬菜叶面积小，叶多呈管状或带状，表面有蜡质，蒸腾量不大，叶面消耗水分少，能忍受较低的空气湿度。但是根系入土浅，分布范围小，几乎无根毛，吸水能力弱，所以对土壤水分的要求比较严格，要经常保持土壤的湿润。如葱、大蒜、洋葱、石刁柏等。

（3）湿润性蔬菜

湿润性蔬菜叶面积较大，组织柔嫩，蒸腾量大，消耗水分多，但根系入土较浅，吸水能力较弱，因此要求较高土壤湿润度和空气湿度，需水量较大，在栽培上宜选择保水能力强的土壤，且经常灌溉。如白菜类、芥菜类、绿叶菜类、甘蓝、黄瓜等。

（4）半湿润性蔬菜

半湿润性蔬菜叶面积虽然较大，但组织较硬，叶面多有茸毛，消耗水分不太多，而且根系比较发达，有一定抗旱能力。所以要求土壤湿度适中，栽培中适时适量进行浇水。如番茄、辣椒、茄子、豆类、根菜类等。

（5）水生蔬菜

水生蔬菜的叶面积大，组织柔嫩，蒸腾量大，消耗水分多，但根系不发达，吸水能力很弱，只能在浅水中或多湿的土壤中栽培，并适宜多雨多湿润气候条件下生长。如藕、荸荠、茭白（蒿笋）、菱、芋头、水蕹菜等。

2. 蔬菜不同生长时期对水分的要求

各类蔬菜在其生长的各个时期对水分的要求有所不同，但其基本规律为：从播种到收获，需水量是小—大—小的过程。

（1）种子发芽期

这一时期要求较高的土壤湿度，但各类蔬菜种子的吸水力、吸水量和吸水速度有所差异，吸水力小的种子比吸水力大的种子要求更高的土壤含水量。如白菜种子的吸水力较大，芹菜种子的吸水力较小，所以，芹菜种子萌发时要求较高的土壤含水量。为了满足种子发芽期对水分的要求，播种前土壤应浇足水或进行浸种，播种后及时浇水。

（2）幼苗期

各类蔬菜在幼苗期，植株的叶面积小，蒸腾量也小，需水量不多。但由于此期根系弱小，而且分布浅，加之表层土壤湿度不稳定，易干旱缺水，因此，在栽培上要特别注意苗期土壤湿度的保持。

（3）营养生长期

这一时期随着蔬菜植株的长大，叶面积不断增加，对水分的需要量也逐渐加大，是蔬菜生长需水最多的时期，应保持充足的水分。

（4）开花结果期

这一时期对水分的要求比较严格，浇水过多或过少都易引起落花落果。特别是果菜类蔬菜在开花初期应适当控制浇水，因水分过多会引起茎叶徒长，造成落花落果。因此，待第一果实坐稳果后再增加水分，即可满足不断开花结果对水分的需要。

（四）蔬菜对土壤与营养的要求

蔬菜的生长与土壤营养关系密切。由于蔬菜的复种指数高，产品器官生长迅速、质地鲜嫩，因此对土壤营养有较高的要求。

1. 土壤质地与蔬菜栽培

土壤质地与蔬菜的熟性、抗逆性、品质等都有密切的关系，不同质地的土壤适合栽种不同的蔬菜。

（1）沙壤土

具有土质疏松、排水良好、不易板结开裂、春季升温快等特点，但是保水保肥力差，有效的矿质营养成分少，栽培蔬菜容易早衰老化，在肥水不足时，表现更为严重。在这类土壤上栽培蔬菜，应多施有机肥和追肥，并且采取多次、少量、分施的追肥方法，尽量减少肥料的流失。适宜进行耐旱的瓜类、根菜类及茄果类的早熟栽培。

（2）壤土

土质疏松适中，土壤结构良好，保水保肥力较好，但春季升温较慢。这类土壤中有机质和营养成分丰富，且便于耕作，是一般蔬菜栽培最适宜的土壤。

（3）黏壤土

土质细密黏重，春季土温上升缓慢，种植蔬菜其成熟期较晚。这类土壤中营养成分丰富，保水保肥力强，有丰产潜力，但是排水不良，易受涝害，雨后土壤容易干燥开裂，耕作不便。适宜晚熟栽培以及甘蓝等大型叶菜类和水生蔬菜的栽培。

2. 土壤溶液浓度及酸碱度对蔬菜的影响

各种蔬菜在其系统发育的历史过程中，适应了不同的土壤条件，形成了对土壤中溶液浓度及酸碱度的不同忍耐力。

（1）土壤溶液浓度对蔬菜的影响

依蔬菜对土壤溶液浓度的适应性，可以分为以下三类：

①耐肥性强的蔬菜。这类蔬菜能耐高浓度土壤溶液，如茄子、南瓜、根菜等。

②耐肥性中等的蔬菜。这类蔬菜适应于中等土壤溶液浓度，在过高浓度或过低浓度下生长不良。如辣椒、番茄、甘蓝、大白菜等。

③耐肥性低的蔬菜。这类蔬菜只能忍受较低的土壤溶液浓度，如菜豆、胡萝卜及葱蒜类蔬菜等。

各类蔬菜在幼苗时，都需要较低的土壤溶液浓度才能正常生长。

（2）土壤溶液酸碱度对蔬菜的影响

根据各类蔬菜对土壤溶液酸碱度的适应性，可以分为：

①适于中性的土壤条件

洋葱、韭菜、菜豆、黄瓜、花椰菜等蔬菜对土壤溶液的酸性反应最敏感，要求中性的土壤条件。

②适于弱酸性的土壤条件

番茄、辣椒、萝卜、胡萝卜、南瓜等蔬菜能在弱酸性土壤中生长。

③适于中性偏碱性的土壤条件

茄子、芹菜、甘蓝类的蔬菜能较好地适应偏碱性土壤条件。

土壤过酸或过碱（pH 值为 5 或 pH 值为 9）都对蔬菜生长不利，而且酸性土壤易发生病害，一般土壤 pH 值在 5.5~7.0 这一范围，植株吸收营养元素最容易。在栽培中，当土壤酸度过高，可适当施用石灰中和；当土壤碱性过高，可采用灌溉冲洗或石膏中和等。

3. 蔬菜的需肥规律

蔬菜和其他作物一样，最重要的土壤营养是氮、磷、钾三要素，其次是钙、镁等元素，微量元素如铁、锌、锰、铜、钼、硼等虽然需要量很少，但也是必不可少的。

（1）主要营养元素的生理特性

①氮素营养

氮是蛋白质的重要组成部分，没有蛋白质就没有生命。氮素营养充足时，蔬菜生长良好，光合作用强，叶片的有效功能期长。但是氮素营养过多，会引起植株徒长，机械组织不发达，抗逆性减弱，结果受到阻碍；若氮素营养不足，则植株生长不良，叶小发黄，光合能力减弱，易出现早衰，以致降低产量。

②磷素营养

磷是细胞质和细胞核的重要元素，能促进花、果的发育，使作物提早成熟。磷不足，蔬菜的根和幼芽的生长减弱，株矮而分枝少。因此，果菜类蔬菜对磷肥的需要较高，苗期施磷肥的效果明显。磷充足时，蔬菜籽粒饱满，块根、块茎淀粉含量高。

③钾营养

钾是植物的必要元素，钾充足可促进机械组织发育，使茎秆强健，具有抵抗病虫侵袭的能力。钾还能促进光合作用，减少呼吸作用。因此，果菜类在生长期中要注意磷、钾的配合使用；根菜类和茎菜类的养分积累期，钾肥的施用比较重要。

（2）各类蔬菜及不同生育期对土壤营养元素的要求

①叶菜类蔬菜

需要氮素营养较多。如果氮素不足，则植株矮小，组织粗硬，春播易出现早期抽薹。小型叶菜生长全期需要氮肥量高；大型叶菜如大白菜、甘蓝等，除需要较高氮肥外，在生长盛期还须增施钾肥和适量磷肥，如后期磷、钾不足则不易结球。

②根茎类蔬菜

幼苗期需要较多的氮，少量的磷和钾；根茎膨大时，需要较多的钾，适量的磷和氮。如果长期氮肥不足，则植株生长不良而纤弱；后期氮肥过多而钾肥不足，则植株徒长，影响根茎膨大，产量降低。

③果菜类蔬菜

幼苗期需要氮肥较多，磷、钾较少；开花结果期需要磷、钾肥较多。前期氮肥不足则植株矮小；中后期若氮过多，磷、钾肥不足，则茎叶徒长，开花结果延迟，品质和产量也降低。

蔬菜除对氮、磷、钾肥需要量大外，还需要一定量的钙、镁元素和少量的微量元素。这些营养元素缺乏或用量不当时，蔬菜植株会出现各种症状，而生长不良。

第二节　蔬菜育苗

蔬菜育苗是蔬菜生产的重要环节，是降低种子成本、争取农时、增加茬口、节约用地、提早成熟、延长供应、提高产量以及避免病虫和自然灾害的一项重要措施。人们常说"苗好成一半"，幼苗质量的好坏直接影响到蔬菜的早熟性、丰产性及其经济效益。

一、蔬菜育苗的主要类型和方式

蔬菜育苗的方式很多，以是否采用保护设施育苗，可分保护地育苗和露地育苗两大类；以是否采用天然土壤，可分为有土育苗和无土育苗；以是否采用嫁接方式，可分为实生苗和嫁接育苗等。

（一）蔬菜主要育苗类型

1. 保护地育苗和露地育苗

（1）保护地育苗

保护地育苗就是在有保护设施的苗床内进行蔬菜秧苗培育。常用的保护设施有塑料大（小）棚、温室等。以保温为主的称保温育苗，如大棚冷床育苗；进行加温育苗的称加温育苗，如温床育苗、温室育苗。加温的方式又有酿热、电热、水暖、火炕加温等。保护地育苗通常用于温度低的地区和季节育苗或喜温蔬菜育苗。

（2）露地育苗

在温度较高的地区或季节，自然环境能够满足蔬菜秧苗的生长条件，直接在露地苗床育苗。如白菜、甘蓝、花菜、芥菜、芹菜、韭菜、莴苣以及部分豆类、葱蒜类蔬菜的育苗。露地育苗具有技术易掌握、投资少、适于大规模生产等优点，但不能人为地控制苗期环境条件，也易遭受自然灾害的影响。

2. 有土育苗和无土育苗

（1）有土育苗

有土育苗是传统的育苗形式，也是目前生产上普遍应用的育苗方式。育苗基质全部选用天然土壤或在土壤中添加部分菌包等有机物。有土育苗基质取材方便，成本较低，管理简便，应用比较广泛。

（2）无土育苗

无土育苗不选用土壤，而选用草炭（泥炭）、珍珠岩、蛭石、菌包等为基质进行育苗。无土育苗具有基质轻便、病虫害少、适宜规模化发展的优点。目前，无土育苗应用越来越广泛，是蔬菜育苗发展的总体趋势。

3. 嫁接育苗

嫁接育苗就是将蔬菜幼苗嫁接到抗逆、抗病的砧木品种上的一种育苗方式。嫁接苗具有有效克服连作障碍、防治土传性病虫害、延长采收期、提高产量的效果，经济效益显著。

蔬菜育苗种类很多，在生产中，应根据本地区的气候特点、经济与技术条件、蔬菜种类、育苗季节、育苗的规模与数量等因地制宜，选用适当的育苗类型。

（二）蔬菜育苗的主要方式

1. 大棚冷床育苗

（1）塑料大棚

根据构建大棚的材料，分为竹木结构、钢竹混合结构、竹木水泥混合结构、全钢结构大棚等。

（2）塑料中棚

材料结构与塑料大棚基本相同，但较大棚矮小，人不能在棚内直立行走，作业不方便，一般棚宽2~6m。

（3）塑料小棚

主要材料是竹片（竿），棚宽依厢宽而定，一般厢宽1.3~2.0m。

2. 温床育苗

温床育苗是在冷床的基础上，除靠覆盖物保温外，还利用一些设施设备对苗床进行加温的蔬菜育苗方式。温床育苗一般在塑料大棚或玻璃温室、日光温室内进行。温床育苗的特点是：在寒冷的冬季和早春，苗床内温度可人为控制，出苗快，出苗齐，可大大缩短育苗时间。但温床育苗成本相对增加，技术要求较高。

根据增温方式不同，可分为酿热温床、电热温床、水热温床和火热温床等。

（1）酿热温床育苗

利用苗床内酿热物发酵加温，培育喜温蔬菜苗的育苗方式。酿热温床可以建在大棚或温室内，也可以单独建。

①温床的大小

一般宽1.5m，长10m，床坑深35~40cm，床底呈弓背形，酿热物填充厚度依酿热物的种类、苗床增温时间的长短而定，一般酿热物厚度在15~25cm。

②酿热材料

有新鲜牛粪、棉籽皮、麦草、稻草等，以新鲜马粪或棉籽皮为高热酿热材料。酿热物在填床前要用水（最好是尿水）充分湿透，使含水量达75%左右，然后均匀铺在床内，踏实，盖上薄膜，促使酿热物发酵生热。填酿热物多，则维持较高的床温时间较长，少则短；前期床温较高，后期床温较低，常利用床温较高的阶段播种，加快出苗速度。

（2）火热温床育苗

火热温床适用于育苗期短的瓜类、豆类蔬菜育苗。这种育苗方式风险大，不便控制和管理，因此被采用得越来越少。

（3）电热温床育苗

电热温床是在酿热温床的基础上改用电热，利用专用电热线加温的育苗方式。这种加温方式的特点是：耗电量较少；地温高于气温，有利于作物生育对温度的要求，特别是播种至出苗期最利于出苗；床温分布均匀；电加温线与控温仪配套使用，可以进行床温自动控制。

①电热线的使用方法

A. 根据苗床面积，计算布线密度。一般苗床长6~7m、宽1.5m左右，电热线采用800~1000瓦，若布线密度每平方米80~100瓦，间距6~10cm左右，则可按以下公式计算：

布线根数=（线长-床宽）÷床长

布线间距=床宽÷（布线根数-2）

B. 电热线的设置。在大棚或温室内，直接于苗床土下10cm深处均匀布线。为了保持床内温度平衡和减少热量的散发，可在电温线下铺稻草、麦秆等保温材料，然后在线上铺土厚约2cm，再铺培养土8~10cm或放上营养钵，以备播种。

C. 通电后应在苗床上覆盖薄膜，便于升温。

D. 将电加温线与控温仪配套使用，既节约用电，又不会使温度超过作物许可范围，达到自动控制温度。

②使用电加温线应注意的问题

A. 严禁成圈电线在空气中通电使用。

B. 电热线不得剪断使用。

C. 布线不得交叉、重叠、扎结。

D. 土壤加温时，应把整根线（包括接头）全部均匀地埋在土中。

E. 每根加温线的使用电压是220伏，不可两根串联，也不许用并接法接入380伏三相电源。从土中取出加温线时，禁止砍拔或用锄铲挖掘，以免损坏绝缘。

F. 如发现绝缘损坏，可将损坏部分剪去，套上聚氯乙烯套管（3mm 内径），将芯线对齐用锡焊接后，用套管套住焊接部分，套管两端用胶水封口，以此修复使用，但每根线修复的接头不宜过多。

G. 旧加温线每年应做一次绝缘检查；加温线不用时要妥善保管，放置阴凉处，防鼠、虫咬坏绝缘线。

（4）水热温床育苗

在苗床内铺设专用的热水管（塑料管或钢管），进行床内加温。其热水可以来源于工厂的废热水、温泉或锅炉加热。水热温床铺设方法与电热温床相同。利用调节循环水的温度和供热时间来调节苗床温度。

3. 遮阴育苗

遮阳网主要有黑色和银灰色两种，由于色泽和网眼大小不同，遮光效果也有差异。遮阴育苗可以防止阳光曝晒，降低温度，减少雨水冲刷，还可以起到避蚜、防虫、减少病毒病发生等效果，主要应用于夏秋高温炎热季节甘蓝、花菜、大白菜、莴笋等蔬菜育苗。

4. 工厂化育苗

我国蔬菜产业快速、持续发展，传统育苗方式在秧苗数量和质量上都无法适应现代蔬菜生产规模化、集约化、专业化、标准化、机械化和自动化的发展需求。随着科技进步和设施设备日趋完善，蔬菜工厂化育苗应运而生。工厂化育苗是利用先进的育苗设施和设备装备种苗生产车间，将现代生物技术、环境调控技术、施肥灌溉技术、信息管理技术贯穿种苗生产过程，以现代化、企业化的模式组织种苗生产和经营，从而实现种苗的规模化生产。工厂化育苗培育蔬菜秧苗的时间短、秧苗整齐一致、质量好、规模大，我国目前正大力推广和普及蔬菜工厂化育苗技术。

二、蔬菜育苗容器的主要类型

将种子播种或将幼苗假植在育苗容器内，能够有效保护秧苗根系。带土（基质）移栽，缩短定植后的缓苗期，对提前上市、增加产量效果显著。同时，育苗容器也便于商品化、工厂化育苗，方便运输。

（一）育苗盘

1. 通用型育苗盘

塑料制成，一般盘的规格为 60cm×30cm×5cm，或 40cm×30cm×5cm，也有 62cm×23.6cm×3.8cm 规格盘，多用作播种育小苗。

2. 穴盘

蔬菜穴盘一般用聚苯乙烯制成，标准尺寸为 540mm×280mm，有方孔和圆孔两种类型，根据孔穴直径大小不同，孔穴数量有从 18 到 800 等不同规格。根据育苗时间长短和蔬菜秧苗大小，选择合适的穴盘规格。茄果类蔬菜常用孔穴数在 50~128 规格的穴盘。播种时可一穴一粒，成苗时一穴一株，一次性成苗，并且成株苗的根系能与穴内基质互相缠绕在一起，成为上大下小的瓶塞形苗，可实行机械化生产商品苗。穴盘育苗是蔬菜育苗的一项变革，为快捷和大批量生产提供了保证。穴盘已经成为工厂化、规模化生产中的一个重要器具。

3. 漂浮育苗盘

漂浮育苗是将装有轻质育苗基质的育苗盘漂浮于水面上，种子播于基质中，秧苗在育苗基质中扎根生长，并能从基质和水床中吸收水分和养分的育苗方法。漂浮育苗盘常用泡沫制成，与塑料穴盘一样根据孔穴直径大小分为不同规格。漂浮育苗在烟草育苗中很普遍，近年在蔬菜育苗中得到应用。

（二）育苗钵（护根钵）

1. 营养块

将营养土压制为高、宽均为 10cm 的圆形或方形土钵，钵顶留播种穴播种。在播种前将苗床整平，铺约 1cm 厚的细沙土，以防浇水后钵体与床面黏合，给定植时取苗造成困难。在钵体之间留一个 5mm 的缝，填充细沙土，防止钵体与钵体之间黏接。

2. 压缩型营养钵

压缩型基质营养钵是一种以草木泥炭、木质素为主要原料，添加适量营养元素、保水剂、固化成型剂、微生物等，经科学配方、压缩成型的新型营养钵，具有无毒、无害、使用简便、带钵移栽、不散钵、无缓苗期、成活率高、秧苗素质好等使用特点，克服了传统制作营养钵费工、病害多、难保全苗等问题。目前，有商业化的压缩型营养钵销售，直径有 3~10cm 不同规格。根据育苗时间长短可选用不同规格。育苗前，浇透水后直接播种育苗。

3. 塑料营养钵

以黑色居多，主要规格有直径6cm、8cm、10cm等多种。选用规格适宜的塑料钵，装上培养土，整齐排放在苗床上，直接播种或分苗于钵中。此方法使用方便，塑料钵可以多次使用。目前，塑料营养钵在育苗中使用非常广泛。

4. 塑料筒（塑料套）

利用废旧塑料薄膜或新薄膜自行加工。

5. 纸杯

利用旧报纸，用手叠制成。杯高8~10cm，直径7~9cm。

三、育苗场地选择与苗床土、营养土（基质）的配制

（一）育苗场地选择与苗床的建造

1. 育苗场地的选择

选择地势高燥、开阔，背风向阳，无积水、浸水，靠水源近，进出方便的地方建育苗场（棚），在苗场棚四周挖好排水沟。

2. 苗床的建造

（1）露地育苗

按地块的大小建造，苗床可做成平厢、凹厢或高厢。厢宽1.5~1.8m，厢沟深15cm，厢面可以平整成瓦背形。

（2）保护地育苗

应根据棚内空间的大小设置并建床。冷床可做成平厢或高厢，温床则应严格按照酿热温床、电热温床或水热温床等的要求建造。

苗床土要用肥沃、疏松、富含有机质、保水保肥力强的沙壤土，清除残枝枯叶，翻炕床土，于播种前20~25d开始闭棚增温降湿。

（二）育苗土、营养土、基质的配制与消毒

1. 苗床土的制作

如采取苗床撒播育苗，则在育苗床上配制苗床土。选好育苗床后，对苗床深翻坑土15d，每亩施用腐熟的人畜粪水3000kg、过磷酸钙60~80kg、氯化钾20~30kg，充分挖细、平整。

育苗土消毒：每平方米用 50％代森铵水剂 200～400 倍液 2～4kg，或者每平方米用 2000～3000 倍高锰酸钾水剂 0.5kg。施用后用地薄膜覆盖 3d 以毒杀病菌，再揭开地薄膜敞棚 2～3d。

2. 营养土和基质配制

利用育苗容器育苗，首先需要配制育苗营养土（基质），然后装入育苗容器内育苗。

（1）营养土配制与消毒

①营养土原料

营养土的好坏对幼苗素质影响极大，必须含有丰富的营养物质和良好的物理性状，土壤松软、肥沃，团粒结构好，营养成分完全，微酸性或中性，没有病虫害，无杂草或其他蔬菜种子。可以用园田表土（最好选择未种植过蔬菜的无病菌土壤）、充分腐熟的马牛粪厩肥或沤制的堆肥、充分腐熟的菌包、大粪干末、草木灰等。

②配置方法

应根据不同的蔬菜、种类、用途、育苗床来决定，因地制宜选配。腐熟的有机肥与园土比例为：园土七成，有机肥三成。为了使营养充分，可按 1m³ 床土加尿素 0.5kg、过磷酸钙 2～3kg。配制时要把园土、肥料晒干，打碎，过筛，去掉杂物，混合均匀。

③营养土消毒

为了杀灭营养土病菌，在配制营养土时按每 1000kg 营养土掺入 50g 甲基托布津，或者多菌灵 80g 的比例进行营养土消毒。

（2）营养基质的配制

①营养基质原料

蔬菜育苗有商品化的营养基质出售，但价格相对较高。为了降低育苗成本，可以自己动手配制营养基质。常用的基质原料有田园土，经过充分腐熟的菌包中药渣、椰糠、酒糟等，泥炭、草炭、珍珠岩、蛭石等。

②营养基质配制方法

营养基质种类和配制方法很多，下面介绍取材方便、育苗效果好的基质配制方法。

配方 1：园土：腐熟废菌包：有机肥＝1∶1∶1

配方 2：腐熟废菌包：草炭：珍珠岩＝1∶1∶1

配方 3：腐熟废菌包：蛭石：河沙＝4∶1∶1

配制时，将原料按照上述配方和比例充分混匀，可按 1m³ 床土加尿素 0.5kg、过磷酸钙 2～3kg，或者复合肥 1kg。

③营养基质消毒

同营养土消毒方法。

营养土具有取材容易、成本低的优点，适合培育所有蔬菜品种，特别对育苗时间长的品种更适合，如茄果类越冬苗。但营养土较重，不便于长途运输。营养基质重量轻、根系成团性好、运输方便，特别适合利用穴盘对育苗时间短的蔬菜进行规模化育苗。

四、播种

（一）播种期的确定

应根据各种蔬菜适宜的栽培季节、采取的育苗方式和苗龄长短，具体确定播种时间。推算播种期的公式：育苗天数=苗龄天数+幼苗锻炼天数（7~10d）+机动天数（3~5d）。

（二）播种量和播种面积的确定

种子的播种量根据各种蔬菜适宜的种植密度、种子千粒重和发芽率等计算。可按以下公式计算：

播种量（g）=［每亩定植苗数×栽培总面积×安全系数（1.5~3）］／（每克种子粒数×发芽率）

播种面积（m²）=播种量（g）×每克种子粒数×（1.5~3）/10 000

分苗床面积（m²）=分苗株数×每株营养面积（cm²）/10 000

一般情况每株的营养面积为10cm×10cm。

（三）种子处理与催芽

为了促进种子萌动发芽，杀灭种子表皮附着的病菌，提高种子的生活力，使幼苗健壮成长，在播种之前应进行种子处理。种子处理和催芽的方法很多，包括浸种、温度处理、化学药剂处理、物理方法处理、生物技术处理等，生产上多采取温汤浸种等方法，简便易行、效果好，已经成为蔬菜栽培中的重要技术措施。

1. 种子消毒处理

为了避免种子带病菌，一般在播种前对种子进行消毒。

（1）温汤浸种法

将种子用干净的纱布包好，放在50~55℃温水中浸泡，用水量为种子的5~6倍。边浸泡边搅拌，并适量补充开水，保持50~55℃下10~15min后将种子清洗干净，然后催芽或者播种。

（2）热水烫种

将种子用干净的纱布包好，放在70~75℃温水中浸泡，用水量为种子的3~4倍，不断搅拌，保持7~8min，然后将种子清洗干净。

（3）药剂消毒

药剂浸种：将在清水中预浸2~3h的种子，放到一定浓度的药液浸泡5~20min，取出种子洗净后，再催芽播种。常用的药液有：50％多菌灵可湿性粉剂1000倍液、1％高锰酸钾液、10％磷酸三钠液、1％的硫酸铜、100倍40％的福尔马林液。该法对防治茄子黄萎病和枯萎病效果较好。

药粉拌种：按种子重量的0.1％~0.3％称取药剂，与种子充分混合。常用的药剂有50％福美双可湿粉和90％乙磷铝（或70％甲基托布津可湿性粉剂）混合粉、多菌灵、克菌丹等。

（4）干热处理

将种子放在75℃高温下处理1~2d，可以钝化病毒。

2. 浸种与催芽

（1）浸种

一些蔬菜（如茄果类）种子外皮坚硬，种皮厚，有蜡质层，故不易透水，发芽困难。通过浸种，种子可快速吸水，提高发芽率。

浸种的重点是掌握适宜的水温和浸泡的时间。一般喜温蔬菜种子可用16~25℃的水温浸种，喜凉蔬菜种子可用0~5℃的水温浸种，菠菜、芹菜、莴苣等种子在25℃以下浸种。十字花科蔬菜及瓜类蔬菜等种皮较薄、吸水较快，水温不宜过高，浸种时间不宜过长，一般5~12h；茄子、莴苣（包括莴笋）、芹菜等菊科种子可浸种25~40h；洋葱、韭菜、石刁柏、蕹菜（旱藤菜）等种皮较厚、吸水慢的蔬菜，可浸种50~60h；豆类种子蛋白质含量多，易溶解于水，浸泡时间不宜过长，一般不超过2~4h。茄果类蔬菜种子也可用50~55℃的温水浸种10~15min，边浸边搅动，然后自然冷却再浸泡24h。

浸种时，水质要清洁，装水的容器要卫生，防止异物异味污染、影响发芽率；浸泡时间较长的种子浸泡5~10h后再换一次水，水分也不宜过多，避免养分损失，防止种子腐烂。

（2）催芽

催芽的关键是正确掌握种子发芽所需要的适宜温度、湿度和空气的流通。一般喜欢较高温度的种子应维持25~30℃，在这样的温度条件下，黄瓜13h，番茄36h，茄子、辣椒

72h，冬瓜、瓠瓜48h即可发芽。菠菜、芹菜、莴苣等20℃左右为宜。

①常规方法

将处理过的种子用纱布包成小包，每包1~2两，置于恒温箱内催芽，控制适宜的温度，每天用温水清洗1~2次，并注意将种子轻轻内外翻动。有70％种子破嘴露白时即可播种。

②变温催芽

有些蔬菜种子在常温下不发芽或者发芽率低、发芽慢。经过低温处理，可使种子发芽迅速而整齐，提高耐寒能力，提早成熟和增加产量。黄瓜萌动的种子经5℃、72h低温处理，发芽快而整齐；莴笋（苣）、芹菜等种子在高温下不易出芽，夏季播种时将种子在冷水中浸泡10h后，置于深水井中距水面33~50cm处，或置于冰箱中低层的贮藏室中处理，约72h即可出芽；茄子种子经过20℃（16h）和30℃（8h）变温处理，发芽快速而整齐。

③激素催芽

陈旧种子和有些具有休眠期的种子，发芽率低且发芽慢。为了提高种子生活力和打破休眠，提高发芽率和发芽势，常用200~500mg/kg赤霉素（920）等植物激素浸泡处理。

（四）播种

播种最好选择在无风、晴朗的天气，午前播种。夏秋高温伏旱季节，应选择在阴天或者下午播种。种子经浸种催芽后，播种在育苗床或者育苗容器内，根据育苗方式不同，分为撒播和点播。

1. 撒播

选用直接在苗床土上育苗的方式，可采用撒播进行播种。先将苗床浇透水，待水渗下后撒上一层过筛的细营养土作为垫籽土，然后播种。种子要求撒均匀，密度适宜。对特别细小的蔬菜种子（如芥菜），可将种子与草木灰或细沙土混匀后撒播。播后及时覆土或石谷子，覆土厚度一般为1cm，覆土过厚出苗慢，覆土薄会造成种子带壳出土，影响幼苗进行光合作用。

2. 点播

（1）苗床点播

按撒播方法浇透水，垫土，然后按要求的株行距点播。每处点两粒种子，然后覆土，覆土厚度1~2cm。

（2）点播

将穴盘、营养钵在苗床（架）上放好后，先浇足水，然后将种子播入钵（穴）内。每钵2粒种子，如种子质量好、发芽率高，可每穴（钵）播种1粒种子。播完覆1~2cm

培养土。注意在钵顶留 1cm 空间，以便苗期灌水。

播种后，可以在覆土上面少量洒水，然后春秋季用薄膜覆盖，保温保湿；夏秋高温季节，可用多层遮阳网或者草帘覆盖，重点防高温、干旱和暴雨冲刷。

五、苗期管理

（一）出苗前的管理

出苗前的管理重点是保温保湿，并经常观察出苗情况。当有 50％～70％苗出土时，应及时揭去覆盖的地膜、遮阳网或草帘，增加见光量和降低苗床湿度。

苗床温度的高低对出苗影响很大。绝大多数蔬菜幼苗生长适宜温度为 25～30℃。温度低，发芽慢，幼苗生长不整齐，管理不便；温度过高，则出苗快，但生长弱。幼苗出齐后，要尽量使阳光充足，增大通气量，使气温继续降低，同时使床内湿度随着通气而降低。

（二）齐苗期的管理

从子叶微展到第一真叶露心，管理重点是控水降温，防止形成"高脚苗"和避免猝倒病的发生。

（三）齐苗期到间苗期的管理

1. 温度

温度管理要掌握"三高三低"原则，即白天高，夜间低；晴天高，阴天低；出苗前高，出苗后低。因为白天、晴天温度高可加强幼苗根系吸收和光合作用；夜间、阴天温度低可减少幼苗的呼吸强度，积累养分多些，幼苗生长健壮；出苗前温度高在于提高地温，使种子顺利出土；出苗后及时降温，以促进根系发育，抑制幼苗徒长。

冷床育苗方式对幼苗控温主要是通过关棚和通风来调节。前期气温较高应顺风向通风，后期气温低可逆风向通风。为了使苗子生长一致，通风口的位置应经常调换，床土温度要均衡，最好达 20℃左右，阴天也要放风锻炼。

2. 光照管理

为了让幼苗多见光，温室玻璃要经常擦洗干净，及时扫除大棚膜上的水珠，以利透光。

3. 水分管理

冬天气温低，阴天多，空气湿度大，常造成苗床内的空气湿度和土壤湿度偏高，容易发生苗期病害。因此，要经常通风，降低床内湿度。而幼苗生长后期若发现缺水现象，要适量浇水，浇水应选择在晴天上午 10~12 时进行。

4. 除草

在露地或苗床土育苗，容易滋生杂草，应随时观察幼苗长势情况，发现杂草及时除草，以免影响蔬菜秧苗的生长。

（四）间苗

当幼苗长到 2~3 片叶时，应进行间苗。采用撒播育苗方式的，应拔除底层苗、弱苗、病苗和混杂的其他品种。对一些蔬菜常规品种（如芥菜），那些长势特别旺盛的幼苗也应拔掉，因为有可能是混杂的杂交种。间苗可进行 1~2 次，幼苗间距保持在 5cm 左右。利用穴盘或者营养钵育苗的，一般每穴（钵）保留一株幼苗，多余的幼苗用剪刀从根部剪掉。如发现穴盘或营养钵有缺株，可以用间苗拔出的多余幼苗补齐。

间苗后要浇一次水，以防止间苗床跑墒。

（五）肥水管理

在水分管理上，要保证床土表面呈半干湿状态。这就要求在床土表面还没有露白时必须马上浇水。一般在正常的晴朗天气，每 2~3d 应浇水一次，每次每平方米浇 0.5kg 左右，这样能保证床土表面湿中有干、干湿交替，对预防猝倒病及立枯病能起到较好作用。

进行适当追肥。如果床土养分不够，秧苗生长细弱，应结合浇水追施 2~3 次营养液肥。

营养液肥可选用含氮、磷、钾各 10% 左右的专用复合肥配制，喷施浓度为 0.1%。也可用清粪水加极少量尿素（0.1% 浓度）进行追肥。下面介绍两种简易营养液配方，供参考。

配方 I：尿素 50g，硫酸钾 80g，磷酸二氢钾 50g，加水 100kg 配成浓度为 0.18% 的营养液，适用于番茄和黄瓜。

配方 II：尿素 40g，过磷酸钙 65g，硫酸钾 125g，加水 100kg 配成浓度 0.23% 的营养液，适用于茄子和辣椒。

（六）假植（并苗）及假植后的苗期管理

撒播的茄果类菜苗随着苗龄增长、植株叶片数增多、开展度逐渐增大而发生拥挤，必须及时疏苗假植。这是减少菜苗损失，提高成苗率的一项重要技术。通过假植，可增大植株营养面积，促进根系生长，增强养分吸收能力，利于秧苗生长发育，便于带土移栽，提高菜苗定植的成活率和早期产量。

1. 假植

假植前先将大棚内床土深翻（15~20cm）炕土，用50％浓度的腐熟人畜粪水做基肥，亩施2500kg。收浆后，按1.5~1.8m开厢，充分欠细整平，待移栽。茄果类菜苗一般在立春前后、幼苗具有4片左右的真叶时，于晴天进行假植。以早熟栽培为目的和保护设施条件较好的，可在11月上中旬（小阳春），当辣椒、茄子真叶在3片左右时假植。行株距以10cm×10cm为宜。移栽后淋足定根水（清淡人畜粪），并盖严薄膜，保湿升温（棚内温度25~30℃），促进假植苗迅速返青成活。

2. 假植苗管理

（1）假植成活后，要加强管理

一般白天保持20~28℃，夜间15~20℃。根据气候情况及番茄、辣椒、茄子耐低温能力，要逐渐加强通风透光以炼苗。通风炼苗一般在阴天中午进行。通风量由小逐渐增大，通风时间由短逐渐增长。晴好天气时，白天要打开棚门或揭开棚的两侧薄膜进行通风，夜间要盖严薄膜。注意防止"倒春寒"危害秧苗。大田定植前10~15d，大棚薄膜一般情况下只盖顶，四周撩在棚架转角处，使秧苗逐渐适应露地气温，健壮生长。

（2）肥水管理

春后气温逐渐升高，有利于幼苗生长发育，应根据秧苗素质和定植时期，施2~3次腐熟的清淡人畜粪水，或加1％的尿素和2％的过磷酸钙与粪水拌匀施入，促进幼苗生长发育。

（七）适时嫁接

茄果类和瓜类蔬菜为防止土传病害提高产量，利用一些茄科、葫芦科品种做砧木，进行嫁接育苗栽培，防病增产效果十分显著。如瓜类的枯萎病、茄子黄萎病和枯萎病、番茄青枯病等，目前，尚无有效药剂防治，采取嫁接防病，可取得很好的防治效果。蔬菜的嫁接一般在苗期进行，茄果类以3~5叶一心时，瓜类蔬菜以砧木子叶平展或一叶一心时嫁接最好。

蔬菜嫁接常用的方法有：插接法、劈接法、斜劈接法、顶插接法、靠接法、针接法、套管接法等。茄果类嫁接多采用套管接法，操作简便，工效高，成活率高。瓜类嫁接多采用顶插接法。

（八）适时炼苗培育壮苗

要培育健壮秧苗，必须适时炼苗。一般以阴、晴天炼苗最好。开始时揭膜不宜过宽，时间不宜过长。以每天中午揭开棚门或南面拱棚两肩薄膜，通风换气。立春之后，气温逐渐回升，应逐渐提早揭膜，延后盖膜，延长通风时间。随着幼苗逐渐老健，应逐渐增大揭膜面，增长炼苗时间。一般以上午9时左右揭膜、下午4时左右盖膜为宜。晴天待日光较强时，可将薄膜两侧部分或全部揭开炼苗。注意：因辣椒、茄子耐低温能力较弱，通风应视秧苗长势、床土肥力、气候情况酌情炼苗。通过炼苗可有效降低苗床土壤湿度和空气湿度，增强幼苗抵抗低温的能力。炼苗时，人不能远离，若天气变化，要及时盖膜。

（九）壮苗的标准

壮苗的植物生理指标：生理活性较强，植株新陈代谢正常，吸收能力和再生力强，细胞内糖分含量高，原生质的黏性较大，幼苗抗逆性，特别是耐寒、耐热性较强。

壮苗的植株形态特征：茎粗壮，节间较短，叶片较大而肥厚，叶色正常，根系发育良好，须根发达，植株生长整齐，无病苗等。

徒长苗的主要特征：茎细，节间长，叶片薄、叶色淡，子叶甚至基部的叶片黄化或脱落，根系发育差，须根少，病苗多，抗逆性差等。

六、苗期病虫害防治

（一）苗期病害症状识别与发病条件

苗期主要病害有立枯病、猝倒病、灰霉病、黑根病及沤根。

1. 立枯病

茄果类、瓜类、十字花科类莴笋和芹菜等苗期受害重，主要为害时期是苗床幼苗期。苗茎基变褐，病部收缩细缢，茎叶萎蔫枯死，病苗直立而不倒伏故称立枯病。该病发病最适温度17~28℃，高温高湿有利于病菌繁殖蔓延。此外，秧苗过密、阴雨天气、苗床湿度过大等环境条件往往加重该病的发生和蔓延。

2. 猝倒病

茄果类、瓜类、莴笋、芹菜、洋葱和甘蓝等苗期受害重，主要为害出土后真叶尚未展开时的幼苗。茎基部出现黄褐色水渍状病斑，发展到绕茎一周后变成黄褐色、干枯、缢缩成线状，猝倒死亡。苗床湿度大时，在病苗或其附近苗床上密生白色绵状菌丝。该病是由瓜果霉菌侵染所致，发病最适温度15~16℃。在低温高湿、幼苗拥挤、光照较弱等条件下幼苗生长缓慢，最易发病，严重时引起成片死苗。

3. 灰霉病

茄果类、瓜类及十字花科蔬菜幼苗均会受到侵染。蔬菜幼苗在子叶期最易感病。发病初期病斑呈水渍状，逐渐变为淡褐色到黄褐色，湿度高时叶片腐烂，表面产生灰色霉状物。该病由灰葡萄孢菌引起，发病最适温度为15~27℃，当农事操作（如浇水后或遇寒流后保护膜内不排风等）造成低温高湿结露时病害严重。

4. 黑根病

花椰菜、甘蓝苗期受害严重。病菌主要侵染植株根茎部，使病部变黑。有些植株感病部位缢缩，潮湿时可见其上有白色霉状物。植株染病后，数天内即见叶萎蔫、干枯，继而造成整株死亡。定植后一般停止发展，但个别田块可造成继续死苗。该病是由立枯丝核菌（无性阶段）侵染而引起的病害，发病最适温度为20~30℃。田间病害流行还与寄主抗性有关，如过高过低的土温、黏重而潮湿的土壤，均有利病害发生。

5. 沤根

为育苗期常见病害。发生沤根时，根部不发新根和不定根，根皮发锈后腐烂，地上部萎蔫，且容易拔起，叶缘枯焦。幼苗沤根是生理病害，发病与气候条件关系极大，使幼苗呼吸作用受到障碍，吸水能力降低，造成沤根。沤根发生后及时松土，提高地温降低湿度，可使其快长新根。

（二）苗期病害综合防治

苗期病害综合防治可采用前述的苗床土消毒、种子灭菌、苗床管理等措施使病害得到有效控制。如果发生可采用药剂防治，70％百德富可湿性粉剂500~700倍液；15％恶霉灵水剂300倍液；72.2％普力克水剂400倍液；58％雷多米尔可湿性粉剂500倍液苗床浇灌。灰霉病用50％速克灵可湿性粉剂1000倍或熏烟消毒，效果较好。

（三）苗期虫害识别及为害特点

1. 小地老虎

俗名"土蚕""地蚕""切根虫"。主要为害茄果类、瓜类、豆类、十字花科等春播（栽）蔬菜幼苗。幼虫灰黑或黑褐色，体表粗糙，体长37~47mm。幼虫将蔬菜幼苗近地面的茎部咬断，使整株死亡，造成缺苗断垄，严重时甚至毁种。

2. 蝼蛄

俗名"土狗子""拉拉蛄"。食性杂，能为害多种蔬菜和农作物幼苗。成虫体长36~

55mm，体肥大、黄褐色。成虫在土中咬食种子和幼苗，咬断幼苗嫩茎，或将根茎部咬成乱麻状，造成缺苗断垄。将土面串成许多隆起的隧道，使根土分离成"吊根"，可致幼苗成片死亡。

3. 金针虫

金针虫是磕头虫的幼虫，俗称"黄蛐蜓""啃根虫"等，为害多种蔬菜。幼虫长约23mm，圆筒形，褐黄色有光泽，蛀食种子和幼根，使蔬菜苗期干枯死亡。也可咬洞穿入茎内，蛀食茎心，造成植株死亡。

4. 蜗牛

俗名蜒蚰螺、水牛，为害甘蓝、花椰菜、萝卜、豆类、马铃薯等多种蔬菜。贝壳中等大小，呈圆球形，壳高19mm、宽21mm。以成贝和幼贝在潮湿阴暗处，常在雨后爬出来为害蔬菜，取食作物茎、叶、幼苗，严重时造成缺苗断垄。

5. 蛞蝓

俗名鼻涕虫，为害多种蔬菜。成虫体长20~25mm，体宽4~6mm，长梭形柔软，光滑无外壳，夜间活动最盛。受害植物被刮食，尤其为害蔬菜幼苗的生长点，使菜苗变成秃顶。受害部被排出的粪便污染，菌类易侵入，使菜叶腐烂，阴暗潮湿的环境易于大发生。

（四）苗期害虫综合防治

1. 农业防治

铲除田边杂草，深翻炕土，消灭越冬虫源，减少危害。为减少蜗牛、蛞蝓的孳生地，田边、地头可撒上生石灰粉。

2. 诱杀成虫

按糖、醋、酒、水比例为3∶4∶1∶2，加少量敌百虫，将诱液盛于盆内，置于离地面1m左右的架上，每4~5m设盆一个。蜗牛、蛞蝓可用10%蜗牛敌（多聚乙醛）颗粒剂配制成含2.5%~6%的豆玉米粉饼于田间进行诱杀。

3. 药剂防治

将鲜嫩菜叶切成小块，与按诱杀成虫糖醋液比例配成的诱液混合均匀，傍晚撒在植株四周或苗床内进行诱杀。也可用50%辛硫磷乳油800倍液，或20%杀灭菊酯乳油2000倍液，或80%敌敌畏乳油1000倍液喷雾防治小地老虎、蝼蛄、蛴、金针虫。用3%灭旱螺，或8%灭蜗灵颗粒剂，或10%多聚乙醛颗粒剂，每公顷360kg撒于田间防治蜗牛、蛞蝓。

第六章　茄果类蔬菜生产技术

第一节　番茄生产技术

一、番茄生物学性状

（一）根

番茄是直根系，主根入土深，一般可达150cm，根系较庞大，侧根发达，分布较广，可达250cm。栽培上由于移栽，部分根系被切断，主根深达30~50cm，侧根分布在130~170cm范围内。

（二）茎

多数品种为半直立型或半蔓型，基部木质化，需支架或吊蔓栽培。少数品种为直立型，无支架。

（三）叶

番茄的叶互生，黄绿、绿或深绿色。

（四）花

番茄为总状或复总状花序，花芽着生于节间。

（五）果实

番茄的果实为浆果。果实由表果皮、中果皮、胎座及种子组成。中果皮和胎座构成了果肉。果实有圆形、椭圆形、长圆形、梨形；颜色有红色、黄色、橙红色、粉红色、深黄色等。

二、番茄整枝方式

（一）单干整枝

只留主干开花结果，所有的侧枝在萌发后陆续摘除，这是生产上常用的方法。适合早熟密植矮架栽培和无限生长类型品种。

（二）双干整枝

在现大花蕾之后，开花之前，只保留第一花穗下的第一个侧枝，使其与主干形成双干开花结果，然后将双干上着生的腋芽随生长陆续摘除，让选留的侧枝和主枝同时生长。这种整枝方式适用于土壤肥力水平较高的地块和植株生长势较强的品种。

（三）一干半整枝

除主茎外，保留第一花序下方的第一个侧枝，仅留一穗果后即摘心，上面留两片叶，其余侧枝全部摘除。这种整枝方式总产量比单干整枝高，有限生长类型的品种多采用此法整枝。

（四）改良单干整枝

除主茎外，保留第一花序下方的第一个侧枝，但不坐果，只保留侧枝上 1~2 片叶，其余侧枝全部摘除。用这种方式整枝，前期产量比单干整枝和一干半整枝高，总产量比单干整枝高。

三、番茄果实成熟过程

青熟期（绿熟果）：果实已充分膨大，但果皮全是青绿色，果顶白，果肉坚硬，风味较差。

转色期（顶红果）：果实的顶端开始由青变黄白、淡黄至粉红色，果肉开始变软，含糖量增高。

半熟期（半红果）：果实表面约 50％着色。

坚熟期（红熟硬果）：果实 3/4 的面积变成红色或黄色，肉质较硬，营养价值最高，是鲜食的最适时期。

完熟期（软熟期）：果实表面全部变红，果肉变软，含糖量极高。

四、番茄生长环境

（一）番茄对环境条件的要求

1. 对温度的要求

番茄喜温，最适温度为 20~25℃，高于 35℃ 和低于 15℃ 会导致落花、落果，降至 10℃ 时，植株停长，长时间 5℃ 以下能引起冷害。果实成熟期适温为 20~26℃，温度过高影响果实的着色。

2. 对光照的要求

番茄喜光，弱光会导致光合作用降低，茎节细长，叶片变薄，叶色变浅，导致落花或果实发育不正常。番茄对日照的长短反应不敏感。

3. 对水分的要求

番茄属半耐旱类型。空气湿度一般 55％~60％ 适宜，过大会阻碍正常授粉，病害发生严重。

4. 对土壤、营养的要求

番茄根系发达，吸收力强，对土壤条件要求不太严格，但高产田应尽可能地选择土层深厚、排水良好，富含有机质、通透性高的肥沃壤土，pH 值 6~7 为宜。

（二）番茄对土肥水需求特点

番茄多为无限生长类型，获得优质高产的前提是营养生长与生殖生长的关系在生产上要注意调节。因番茄采收期比较长，水分和养分不断携出，不断供给水肥才能满足连续开花结果的需要。番茄钾、钙、镁肥的需要量都比较大，特别是在果实采收期，缺乏这些元素，容易产生脐腐病。

施肥方法可以分为：

1. 基肥

番茄产量高，需肥量大，按其需肥特性，施肥应以基肥为主，一般结合整地每 667m² 施优质有机肥 8000~10 000kg、有机无机复混肥 80kg、钙镁磷肥 50kg、硫酸钾 30kg。

2. 追肥

前控：移栽还苗后至第一果穗膨大，一般不追肥浇水，只进行中耕（5~7d 1 次），中耕深度 4~6cm，此期使用叶面肥可培育壮苗，使苗子粗壮。

中促：第一果穗果实如核桃大小（同株第二穗果蚕豆大小，第三果穗刚开花；过早易徒长，过晚影响果实膨大和早熟）进行第一次追肥追水，可施冲施肥。以后每穗果膨大时冲施 1 遍冲施肥，在 2 次冲施之间喷施叶面肥。

后加强：从第四果穗膨大后施冲施肥追肥促进膨果，并且每 7~10d 喷施 1 次叶面肥。

3. 叶面补肥

番茄坐果后至果实迅速膨大前是补钙的关键时期，从初花期开始，应补施含钙肥料，可以叶面喷施，也可随水进行冲施。温室内湿度过高，天气特别寒冷及阴雨天一般不宜喷肥。

五、番茄栽培方式

番茄栽培分为露地栽培和设施栽培。露地栽培又分为露地春番茄、露地夏番茄和露地秋番茄。

一般根据播种和定植时间可分为秋冬茬、越冬茬和冬春茬。

秋冬茬一般是 7 月中下旬至 8 月上中旬开始育苗，8 月中下旬至 9 月上旬定植入日光温室，11 月下旬开始采收。

越冬茬一般是 9 月中旬至 10 月上旬开始育苗，11 月定植，翌年 1 月开始采收。

冬春茬于 11 月上旬至 12 月上旬播种，翌年 1 月中旬至 2 月上旬定植，3 月中旬开始采收。

六、培育壮苗

（一）适宜播种期的确定

4 月下旬为华北夏茬番茄的播种适期。具体根据当地的气候条件前后调整。

（二）营养土配制

经过发酵充分腐熟的有机肥料过筛，与过筛的无菌园土按 1∶3 配制调拌成苗床营养土，每 1000kg 营养土均匀掺入 50％托布津或 50％多菌灵粉剂 80g、2.5％敌百虫粉 80 克，以灭菌杀虫。

（三）苗床建立

夏茬番茄的苗床多建在大棚外（在大棚前面），多为地上苗床。苗床宽度 2.2~1.5m，高 8~10cm，长度视定植面积而定，一般育苗 4000 株需苗床面积 50m²。建苗床时先将地面铲平，然后用湿土培建好苗床四周畦沿，高度 12cm 左右，然后在苗床内地面均匀撒入 0.3~0.5cm 厚的细沙或细炉渣灰。然后上营养土或排放营养钵（袋筒）。上满营养土并搂平，浇水使营养土湿度达到饱和。经浇水沉实后，营养土厚度（高度）为 8cm。水渗后 15~20min，趁营养土呈泥状时，用铲刀按 10cm 见方把营养土畦面划割为方块，并往划割的缝隙填细干沙，以使将来取苗时易划分或取坨完整。

（四）种子消毒灭菌

用高锰酸钾 1000 倍液或福尔马林 500 倍液或 30％代森锰锌 200 倍液浸泡种子 1h 后，随即将种子放入清水中冲洗干净，置于 20~30℃处催芽，待种子有半数以上露白芽时即可播种。

（五）播种方法

通常点播。播种后覆过筛的细土。覆土厚度 0.8~1.0cm，薄厚要一致。播种后每平方米苗床再用 8g 50％多菌灵可湿性粉剂拌上细土均匀薄撒于床面上，可以防止幼苗猝倒病发生。

（六）苗床管理

1. 出苗期（播种至两片子叶充分展开）管理

播种后立即覆盖地膜，后期将地膜改为低拱棚。要求昼温 25~30℃、夜温 15~18℃。当晴日中午前后低拱棚内气温高于 30℃，及时从拱棚两头揭开地膜，通风降温；当低于 25℃时，应封闭薄膜；若遇寒流天气，夜间应加盖草苫保温，使拱棚内夜温不低于 12℃。

2. 1~3 片真叶期管理

苗出齐后就要及早疏苗定苗，每钵（方块）只留两棵健壮苗。

两片真叶期定苗。每钵选留一棵最好的苗，彻底拔净苗床的杂草。

幼苗 2~3 片真叶期，须每隔 8~10d 浇一次水。但应小水轻浇，最好采用洒浇。结合浇水追施速效化肥，每次每 667m²追标准氮素化肥 7~8kg 和磷酸二氢钾 5kg 左右。

适当降低棚温和加大昼夜温差。通过通风控制昼温 20~27℃、夜温 10~15℃，昼夜温差 10~12℃。

3. 4~6 片真叶期管理

苗床管理采取以控为主、控促结合的措施。

逐渐延长通风时间，到 6 月初之后的起苗定植前 5~6d，折起拱棚四周的膜边，昼夜通风，使棚内的温度基本上与外界相等。一般昼温在 20~25℃，夜温 10~13℃，空气相对湿度 45％~50％。

轻追肥，每 667m² 追施尿素 5~7kg，相隔 6~7d 轻浇一次水。

4. 起苗前管理

起苗前 5~6d 苗床停止浇水追肥。

在定植前 1~2d 喷一遍防治病毒病和蚜虫的混合药剂液，并拔净苗床的杂草。

七、定植

（一）定植前地块准备

定植期在 6 月上旬，定植前 7~10d 将肥料（每 667m² 发酵腐熟灭菌的厩肥 10 000kg 或鸡粪 4000~5000kg、过磷酸钙 80~100kg）均匀撒于地面上后，深翻地 30cm。结合整地每 667m² 施尿素和硫酸钾各 15~20kg 或草木灰 80~100kg。

（二）起苗和定植方法

用营养方块育苗的，要用横截面为 "L" 形的直角铲起苗。

用营养钵（包括纸筒）育苗的，要用半圆铲起苗。

定植的方法可分为沟栽和穴栽；沟栽和穴栽又分为先浇水后栽苗和先栽苗后浇水。

定植完毕，采取灌垄沟浇垄背，浇足定植水。

八、番茄的植株调整

（一）吊蔓

吊蔓在第一花序开花时进行。先在番茄上方，拉一南北向铁丝，将塑料绑绳一头拴于植株基部，另一端拴在铁丝上。以后操作，可以用绳绕蔓，顺时针方向。

（二）整枝、打杈

整枝、打杈可与吊蔓同时进行。根据品种属小知识性、栽培方式和目的决定整枝方式。此期一般采用从植株第一花序的单干整枝。果实如核桃大小到最上整枝、打杈最好在晴天气温较高时进行，伤口易于愈合；病株与健株分别操作，减少传病机会。

（三）摘心与摘叶

摘心：结合单干整枝时摘心，一般早熟品种留小技巧 2~3 穗果实摘心；晚熟品种留 4~5 穗果实摘心。

摘叶：生长期随时观察叶片生长状况，摘除老叶、病叶、残叶；结果中后期植株底部的叶片衰老变黄须及时摘除，但不宜过早和过多。

九、缓苗期土肥水管理

在浇足定植水的基础上，为促进植株根系发展，一般此期不灌水。定植后 5~6d 若遇干热风天气，秧苗表现干旱时，可于晴日上午浇水一遍。

浇定植水后 2~3d 及时中耕松土。方法是掀开大行间地膜，进行划锄。

定植后基本不进行土壤追肥，由于随水冲肥受浇水次数的局限，一般采用叶面喷肥补充营养和微量元素。叶面喷肥对调整植株生长势效果明显。开花坐果前，若植株表现徒长，喷 0.5％磷酸二氢钾；若植株生长势弱，叶色暗，喷 0.5％尿素，坐果期和果实膨大期喷 0.5％磷酸二氢钾坐果率高，果实膨大得快。

叶面追肥可以与农药结合使用，但喷洒时一定要均匀，雾化程度高，以免引起叶片药害。喷洒程度以叶片不滴水为宜，重点喷叶背面。

十、头穗果膨大期土肥水管理

（一）增加肥水供应

值得特别注意的是，追肥不要离植株太近，要离植株 15~20cm 处穴施或沟施，以防肥烧根。

（二）适当疏花疏果

本期也可省略。

（三）中耕松土、培土

十一、结果期土肥水管理

（1）及时追肥，追肥量以基肥、地力、栽培方式而定。

（2）土壤追施肥料后必须浇水，当第一穗果坐住后，长到拇指大小时才开始浇水。浇水时应避开第二穗果的盛花期，否则会影响第二穗花的坐果率。浇水方法：灌沟洇垄（浇灌大行间、洇湿小行间）的隔行浇水法。

（3）及时整枝、绑蔓，浇水后适时中耕松土。

（4）在番茄植株的每一花序的果实如蚕豆大小时，要进行疏果。

十二、番茄的采收

番茄果实的采收时间，因品种、季节、目的等不同而有差异。适时早采收可以提早上市，增加产值，并且还有利于植株上部果实的发育。

露地番茄在定植后 60d 左右便可陆续采收。鲜果上市短距离运输的，最好在半熟期或坚熟期采收；长途运输最好在转色期或青熟期采收；加工番茄汁、番茄酱等宜在成熟期采收。

（1）番茄采收时，应轻摘轻放，尽量防止机械损伤。

（2）采收时要去掉果柄，以免刺伤别的果实。

（3）采收后，要根据大小、果实形状、有无损伤等进行分级，以提高番茄的品性。

（4）采收分级后装筐，立即运往收购工厂交售或加工。

（5）中、后期采收时，果实多在枝叶覆盖之下，要翻蔓检查采摘，翻蔓宜轻，翻后立即复还原位，以防茎叶和果实受伤。

第二节　茄子生产技术

一、茄子的栽培方式与生物学特性

（一）茄子栽培方式

露地栽培：早春栽培、越夏连秋栽培、晚茄子栽培。

塑料棚栽培：小拱棚栽培、中棚栽培及大棚栽培。

日光温室栽培：冬春茬、早春茬、秋冬茬。

（二）茄子的生物学特性

根：为直根系，根系发达，主根最深达到 2m。主要根群分布在 30cm 以上的土层中，侧根的水平长度可达 1m，根系木质化较早，损伤后再生能力较差。

茎：粗壮，木质化程度较高，直立性强，一般株高 80~100cm，高者 2m 以上。早熟种主茎叶片长到 5~8 片后，顶芽发育成花芽；中晚熟种 8~9 片叶，形成第一朵花。茄子叶腋间都有潜伏芽，在一定条件下，可形成侧枝并开花结实。

叶：单叶、互生、椭圆形或卵圆形。一般株形矮小、紧凑的叶片宽，呈卵圆形；株形高大、枝条开张的叶片狭长，呈椭圆形。

花：单生或簇生，花冠紫色，为两性花，自花授粉，少数异花或异株授粉，自然杂交率低。根据花柱的长短可分为长柱花、中柱花和短柱花。长柱花花柱上有花药，能正常授粉结实；短柱花一般不能授粉坐果。

果：为浆果，果实的发育期为 50~60d。第一朵花形成的果实称为门茄。门茄以上果实分别称为"对茄""四母斗""八面风"，最后形成"满天星"。

二、茄子播种育苗技术

（一）用种量确定

每栽植 667m² 土地需新种子 40g 左右。育苗床每 m² 用种 3~4g。

（二）种子处理

1. 种子消毒

可用 1% 的甲醛溶液浸泡 10~15min 或用有效成分 0.1% 多菌灵溶液浸泡 30min，浸泡后捞出要反复冲洗。

2. 温汤浸种

将经过消毒的种子放入容器中，用 50~55℃ 的温水浸泡 10min 后再浸泡 9h。

3. 催芽

将浸好的种子捞到清水中反复搓洗，去掉种子表皮的黏液后，捞出放在湿纱布中，在 28~30℃ 的条件下进行催芽。每天用清水淘洗一次，一般 5d 开始出芽。当有 50% 的胚根外露开始播种。

4. 营养土配制

一般用肥沃的园土 6 份，腐熟的粪肥 4 份，配合而成，此外，在营养土中，每立方米加入腐熟的鸡粪 15~25kg、过磷酸钙 0.5kg、草木灰 5~8kg，或者用复合肥代替磷肥和草木灰，用量在 0.1% 为宜。

5. 苗床消毒

1kg 100 倍液的福尔马林可喷洒 4000~5000kg 营养土。喷后将营养土拌匀堆好，用塑膜严密覆盖好，闷 2~3d 后揭去薄膜，经 8~14d 晾晒后填入苗床。

6. 播种

播种前一天苗床浇足底水；种子掺些已消毒的湿细土进行撒播，播后覆细土 1~1.5cm，上覆地膜，种子出土时及时揭掉。

三、苗期管理与定植

（一）苗期管理

出苗期间，白天温度维持在 25~30℃，5~6d 后出苗。80％的幼芽出土后降低室温至白天 20~25℃，夜间 20℃，光照均匀。超过 28℃ 时适量通风，通风量不可过大过猛。室温降至 20℃ 左右时停止放风。在子叶展开，第一片真叶吐尖时，可提高室温白天 25~27℃，夜间 16~18℃，地温 18~20℃，促其真叶生长顺利，直到移植。

苗床若缺水，在早春和冬季应喷 25℃ 左右的温水，至苗床湿润为止。

茄子 3 片真叶时分苗。可将幼苗分入营养钵中每钵 1 苗。分苗后应立即采取保温增温措施，白天保持 28~30℃，夜间在 16~20℃。

缓苗期间，午间适当遮阳；缓苗后，宜使秧苗多见光，以促使花芽分化。

缓苗后应及时中耕 1~2 次，深度 2~3cm 为宜。

定植前 1 周左右，加大放风，进行低温炼苗。幼苗达到 6~7 片真叶，门茄 70％ 以上现蕾即可定植。

（二）定植

1. 定植前准备

（1）整地施肥

一般每 667m² 施腐熟的有机肥 10 000 千克、三元复合肥 60kg、硫酸钾 30kg、尿素 25kg。结合深翻入土，然后整平、茄子栽培中注意不能使起垄，垄高要达到 20cm 以上。

（2）提早盖棚升温

定植前 10~15d 扣棚提子着色不良，影响茄子的墒温，并浇水造墒。保证定植时 10cm 地温要控制在 12~15℃。

2. 定植

（1）密度

一般早熟品种垄宽 60cm、株距 30cm。中晚熟品种垄宽 70~80cm、株距 33cm。

（2）方法

按株距在垄上开 12cm 深的穴，浇满水后等渗下一半时，将带土的茄苗放入穴中，水全部渗下后封穴。

四、茄子整枝的方法

（一）单干整枝

门茄以下的侧枝全部打掉，仅保留主茎作为结果枝，1 条侧枝结果后，保留 2~3 片叶摘心。单干整枝适于密植，上市早，前期产量高。但用苗多、费工、植株容易早衰，多用于塑料大中棚高密度强化整枝的早熟栽培。高密度强化整枝栽培可以在病害高发期到来前结束，有利于无公害生产。

（二）双干整枝

门茄出现后，主茎和侧枝都留下结果。对茄出现后，在其上各选 1 个位置适宜、生长健壮的枝条继续结果，其余侧枝和萌蘖随时掰掉。以后都是这样做，即一层只结 2 个果，如此形成 1、2、2、2、2……的结果格局。一般 1 株可结 9、11 或 13 个果。在最后 1 个果的上面留 2~3 个叶摘心。此法是目前日光温室长期栽培的主要整枝方法。

（三）三干整枝法

三干整枝是在门茄出现后，除保留主茎外，还把门茄下的第 1 侧枝和第 2 侧枝保留下来，主茎加 2 个侧枝共 3 个枝结果，其余全部摘除。坐果后每枝仍选留 1 个枝继续结果，其余全部摘除，每层只结 3 个果，一直坚持下去，直到满天星茄作为最后 1 个果，在其上都留 1~3 片叶摘心。适于植株矮小、叶片较细长、果个中等大小、栽植密度较大的早熟品种。

（四）四干整枝法

选留主茎及门茄下 3 个生长健壮的一级侧枝结果，以后每枝也只留 1 个枝继续结果，其余全部摘除。在准备秧苗数量不足时，可以考虑采用这一整枝方法。

（五）四母斗摘心整枝法

就是在四母斗茄出现后，在其上留2~3叶摘心。把植株的养分集中供养门茄、对茄、四母斗（1、2、4）这7个可以充分发育的茄子。大田栽培可采用这一整枝方法。

（六）改良双干整枝

改良双干整枝有两种做法：

1. 选留门茄下1个侧枝结果

该侧枝坐果后，在果前留2片叶摘心。门茄以上按双干整枝的方法整枝，如此便形成1、1、2、2、2……的结果格局。

2. 在对茄以上的4个枝条当中，选留3个位置适宜的枝条结果

待这3个果（它们实为四母斗茄子）出现之后，将同枝上结有2个四母斗茄子中的1个，其前留2片叶摘心，下部侧枝掰除，另一个茄子选留1个枝条继续结果。

五、茄子对环境条件的要求

（一）对温度的要求

茄子适宜的生长温度为20~30℃。低于15℃，则生长缓慢，易产生落花；温度超过35℃，茎叶能正常生长，但花粉管伸长受到影响进而导致授粉不良，易造成落花或畸形果。夜间最适温度为18~20℃，如夜温高，影响后继花果的生长发育，导致减产。

（二）对光照的要求

茄子喜欢较强的光照条件。光照不足植株生长细弱、产量降低，同时色素不易形成，上色较难，紫色尤为突出。

（三）对水分的要求

茄子分枝多，植株高大，叶片大而薄，蒸腾作用强，要求土壤有较高的含水量，适宜的土壤含水量为14％~18％。若土壤水分不足，植株和果实生长慢，果面粗糙，品质差。若长时间空气相对湿度在85％以上，则易导致病害蔓延。因此，既要保持适宜的土壤含水量，又要防止空气湿度过大。

（四）对土壤的要求

茄子适应性较强，在各种土壤上都可以栽培。以土壤酸碱度为 pH 为 6.8~7.3，土质疏松、有机质含量高、通气良好的壤土和沙壤土为最好。

（五）对肥料的要求

茄子根系发达、生长势旺盛。对肥水要求较高，耐肥、不耐旱、不耐涝，必须加强肥水管理。施肥原则：轻施苗肥，稳施花肥，重施果肥。

六、不同生育期的管理

（一）缓苗期土肥水管理

定植后要注意适当浇水和晴天午间遮阴，以减少蒸发量，促进缓苗，为茄子的早发壮长打基础。

定植后 7~10d，保持室温 30℃ 以上，以此来提高地温，补充夜温，尽快缓苗。并尽量保持地温稳定在 16~18℃。

定植水略干后选晴暖天气中耕松土保墒，促进根系发育。

（二）蹲苗期土肥水管理

茄子定植浇过缓苗水后至门茄开花期间为蹲苗期，不再浇水。直至门茄普遍长到 3cm 大，再行浇水施肥，薄施粪肥或 5kg 左右的复合肥，以后每隔 10d 左右薄施一次，以满足幼苗生长发育需要。

（三）结果前期土肥水管理

定植后的大壮苗，13~15d 门茄即可开花。开花授粉至门茄"瞪眼"期，需 8~12d。从门茄开花至商品茄采收期需 24d 左右。此期称为结果前期。

门茄坐果后，应及时结合浇水每 667m^2 施尿素 10~15kg、硫酸钾 10kg。为防止浇水引起地温降低，浇水宜选晴天上午进行，实行隔沟灌水。随着天气转暖，应增加浇水次数，每 7~10d 浇一次水，保持土壤见干见湿。

为促进根系发育，防止倒伏，可揭开地膜进行高培土，使垄高达到 25cm 以上。培土时每 667m^2 用复合肥+尿素 50kg、沤熟花生麸 25kg、过磷酸钙+氯化钾 50kg，施在两棵植株之间。

（四）盛果期土肥水管理

第一次采收后，需要重施追肥，可结合中耕、培土把肥料埋入土中，或随水追肥，一般667m²施复合肥20kg，或尿素和氯化钾各10kg，或淋施人畜粪尿800~1000kg，也可追部分磷酸二铵。茄子结果期，不宜施过多的磷肥，否则会导致果实变硬和老化，而降低品质。坐果后用2%磷酸二氢钾等叶面肥喷施，可促进叶色浓绿，提高果实品质，延长采收期，提高产量。追肥一般5~7d施一次，也可每采收一次果追施一次肥，以供果实不断生长的需要。

（五）结果中后期土肥水管理

结果中后期植株老化，吸肥力下降，可采用根外追肥方法。一般叶面喷施1%~3%过磷酸钙浸出液，或2%~3%硫酸钾溶液，或0.1%~1%尿素液，或2%~3%复合肥溶液，每隔7~10d喷一次，在清晨或傍晚喷施效果较好。

七、茄子的植株调整

茄子植株调整的措施主要有整枝、摘老叶、摘心和防止落花落果等。

（一）整枝

根据需要和学习准备确定整枝方式，一般采用双干整枝。

（二）摘老叶

在整枝的同时，还可摘除一部分衰老的枯黄叶和病虫害严重的叶片。

方法：当对茄直径长到3~4cm时，摘除门茄下部的老叶；当四母斗茄直径长到3~4cm时，又摘除对茄下部老叶，以后一般不再摘叶。

（三）摘心

在生长期较短的情况下或保护地栽培中可进行摘心。

大果型品种在四母斗茄子现蕾后，留1~2片叶摘心，新发侧枝也全部摘除，每株保留7个叶片，使营养集中，加速果实生长，争取早期产量。

小型品种也可以在四母斗以上再留一个枝条，即四母斗茄子现蕾后，要留4个枝条，把侧枝全部摘除，以免枝叶郁蔽。

八、采收

采收要选取晴天早晨或傍晚，一只手戴手套，握住茄子的萼片处，用剪刀或刀，齐果柄割断，轻轻放入塑料筐中。

茄子采收注意事项：

（一）生理因素

门茄形成时，植株幼小，生长速度慢，应早摘上市。门茄早摘有利于植株发棵和结果。

对茄以上宜适时采收，当果实充分长大，有光泽，近萼片的果皮变白或变淡紫色时，即可采收。是否适合采收还可看"茄眼"的状态来定。"茄眼"明显，则表明茄果还正在生长中，"茄眼"变得狭窄或已不明显，果皮的白色部分很少时，表明果实生长缓慢，转入种子发育期，应及时采摘。

盛果期每隔 2~3d 即可采收一次。

（二）气候因素

如遇连阴雨天应适当提前采收，以免受病虫危害。

果皮色泽在一天中以清晨最佳，中午日照强，茄子表皮颜色深，温度高易萎蔫，不耐贮存，故不宜采收。

（三）市场因素

采摘时还要参考市场行情，价格好可适当早采。

（四）延长茄子采收期的方法

1. 及时施肥

在茄子开花结果后，应每 15~20d 根部淋施 1 次氮磷钾复合肥和优质有机肥，每次每亩施氮磷钾复合肥 10kg 和充分泡制腐熟的黄豆 15kg。

2. 防治病虫

茄子开花结果后植株易受灰霉病、疫病、褐纹病和菜青虫、茶黄螨、白粉虱等病虫危害，导致早衰。此时，应每 10~15d 叶面喷施 1 次阿维菌素 3000 倍液、速克灵 1000 倍液进行防治，同时喷施丰收一号调节植株长势，连喷 3 次。喷施要均匀，以开始有水珠往下滴为宜。若喷药后 4h 内遇雨，应重新补喷 1 次，以提高防治效果，有效地保护植株。

3. 叶面追肥

在茄子开花结果期间，应每 7～10d 叶面喷施 1 次 0.1％的硫酸镁、0.2％的尿素和 0.3％的磷酸二氢钾。也可喷施爱多收 3000 倍液加丰收一号，连喷 2～3 次，以迅速提高叶片的营养水平，保持叶片浓绿，防止叶片黄化，延缓植株衰退，保证茄子连续开花结果，提高坐果率，延长采收期。

4. 培土护根

在茄子开花结果期间，将充分腐熟的农家肥、塘泥、火烧土培施在植株根部，每株培 2～3kg，厚 3～5cm，以覆盖裸露根群，保护根系，防止衰退，并增强吸收功能。

5. 前期留果要适当

一般每株茄子上结果总量最好不超过 10 个。如果一次性留果过多，虽然能够取得阶段性高产，但易导致植株早衰，使后期产量上不去。

6. 提前打顶

茄子拔秧前 20d，每株保留 1～2 个已开放的花，在花上部留 1～2 片叶打顶，抑制植株生长，促进结果。

第三节　辣椒生产技术

一、辣椒的生物学特点

（一）根

辣椒根系不发达。根较细，根量少，入土浅，茎基部不易发生不定根。根系吸收肥水的能力较弱，不耐干旱和水涝，也不耐高盐分，对氧气要求严格。移植时由于主根被切断，深度一般为 25～30cm，根群分布在 10～15cm 深的土层中。

（二）叶

辣椒的真叶为单生、互生，卵圆形、披针形，全缘，先端尖，叶面光滑，微具光泽。叶片的大小和绿色深浅因品种不同而有差异，一般大果型品种叶片较大、微圆短；小果型品种叶片较小、略长。叶片生长的状况可以反映植株的健壮程度。

（三）花

辣椒的花为完全花，花较小，白色或绿白色。由于品种不同，花有单生，也有簇生，一般簇生2~5朵。无限分枝类型品种花单生，果实下垂生长；有限分枝类型品种花簇生，果实多朝天生长。

（四）果

辣椒果实下垂或朝天生长。通常有羊角形、牛角形、短圆锥形、长指形、短指形、线形、樱桃形、球形等多种形状。果肉厚薄因品种而异，一般0.1~0.6cm。通常甜椒果肉较厚，辣椒则较薄。

（五）茎

辣椒茎直立，基部木质化，较坚韧，高30~150cm不等，主茎各节位上均可抽生侧枝。分枝习性分为双权分枝或者三权分枝；同一品种在植株营养状况良好时三权分枝较多；小果型品种植株较高分枝多；大果型品种植株矮小、分枝少。

二、种子播前处理

（一）温汤浸种方法

将种子倒入55℃温水中浸种，恒温搅拌15~20min，自然冷却到30℃左右时再浸泡6~7h，然后催芽播种。

（二）种子消毒方法

先浸泡3~4h后，用100倍甲醛液消毒20min，洗净。

（三）种子催芽方法

用温水浸种12~16h，后将种子用毛巾保湿，放于28℃环境下催芽。每天用清水冲洗种子1~2次。

变温催芽效果最好，即白天25~30℃、夜晚16~20℃。效果较恒温催芽出苗快而且出苗整齐，每天用清水冲洗种子1~2次。

三、育苗土的配制

从最近3~4年内未种过茄果类的园地或大田中挖取"无菌园土"，土要细，并筛去土内的石块、草根以及杂草等，与质地疏松并且经过充分腐熟的有机粪肥按体积比4：6充分混拌。

按照每平方米育苗土使用氮磷钾复合肥1~2kg，或硫酸铵和磷酸二氢钾各1~1.5kg。但不能用尿素、碳酸氢铵和二铵来代替，避免抑制根系生长或烧根。

最好在育苗前20~30d配制好育苗土，并将配制好的育苗土堆放在棚内，使一些有害物质发酵分解，使育苗土质地保持疏松、透气。

一般每株辣椒苗须准备育苗土400~500g，每立方米育苗土可育苗2500株左右。每667m^{2}大棚辣椒需育苗3300~4000株，共需育苗土1.5~2m^3。

每平方米育苗土加入70％甲基托布津或多菌灵200g，或90％敌百虫20g，或雷多米尔5~7g，或0.5％福尔马林或辛硫磷200毫升喷洒育苗土，乳剂应少量加水，配成高浓度的药液，用喷雾器喷拌到育苗土中。密封堆置5~7d，然后揭开膜挥发气味。

四、精细播种防"戴帽出土"

（一）播前浸种催芽

一般浸种催芽后再播种，当等到种子70％~80％露白后，即可取出播入营养土或营养钵中，每钵2~3粒。可结合浸种催芽进行种子消毒，防治炭疽病和细菌性斑点病。

（二）播后覆盖潮湿细土

辣椒播种后覆土时间的早晚、土粒的粗细和盖土的厚薄，都会影响出全苗和培育壮苗。播种后，等水渗干再覆土。覆土以团粒结构好、有机质丰富、疏松透气不易板结的潮湿细土为宜，不要覆盖干土。有条件的可以覆药土。盖土厚度一般0.5~1cm，不能超过1.5cm，厚度要一致。覆土太薄，容易出现种子戴帽出土；如果覆土太厚，延长发芽时间。

（三）保湿保温

播种后至出苗前要注意温度管理，以提高温度为主。地温低，出苗时间延长；一般以白天25~30℃、晚上20℃为宜；出苗后应适当降温，以白天25℃左右、夜晚16℃左右为宜。

播种后覆盖无纺布、碎草保湿，使育苗土从种子发芽到出苗期间保持湿润温暖状态。幼苗刚出土时，如育苗土过干要立即用喷壶洒水，保持育苗土潮湿。

五、苗期管理

（一）温度

白天保持 20~25℃，夜间不低于 10℃。白天棚温过高时加强通风。

（二）湿度

每次用漏壶浇透水，避免强水流冲击幼苗。

六、移栽定植

（一）确定水平线

平整土地，并起高 20cm、宽 70cm 的南北向垄，两垄间距为 30cm，也可覆盖地膜（定植前须打孔）。在土壤起垄之后、蔬菜定植之前确定水平线。

（二）幼苗定植

在晴好天气时，一般底水浇水后 2d 左右即可定植。选取健壮幼苗定植在水平线上，这样既可以满足蔬菜根系对水分的需求，促进根系深扎，又可以有效预防秧苗生长不良情况的发生。

（三）适当松土

定植后可以适当划锄一下以改善根系周围透气性。划锄宜浅不宜深，结合划锄整理歪斜幼苗，使其直立生长。

七、田间管理

（一）植株调整

辣椒整枝的目的不仅是为了增加通风透光，同时是为了调节植株长势，节省养分，使其形成壮棵，提高产量及品质。

1. 吊枝

吊枝过早会造成植株内膛郁闭，过晚容易倒伏。一般在辣椒分枝展开长 30cm 以上、头茬辣椒坐果后进行，吊绳系在距分杈处 20cm 处，最好斜向外展开。长势弱的拴得紧点，旺长的拴得松点，以调控辣椒长势。

2. 撑枝

用工具把枝杈撑开，让其开张度变大，加大内膛的通风透光性，缓和植株的长势，利于坐果。

（二）水肥管理

1. 水分管理

定植后缓苗前一般需要保持土壤湿润，不浇大水。

缓苗后蹲苗期要控制浇水，一般不浇水，只进行中耕。保持土壤保持湿润和良好通气性。门椒坐住，就可以浇一次大水，结束蹲苗。

初花期要加大供水量，满足开花、分枝的需要。

果实膨大期需水更多。如果供水不足则果实畸形，水分太多则易导致落花落果、烂果死苗。

2. 追肥

（1）提苗肥

缓苗蹲苗之后，坐果之前酌情轻施一次提苗肥。一般在植株成活后，用稀粪水或 1％ 的复合肥水点兜（点根浇），每 667m² 施 1％ 硫酸铵水溶液约 500kg。

（2）催果肥

当门椒开始迅速生长，植株进入果实生长为主的时期，茎叶也开始旺盛生长，需肥量增加。此时进行第一次追肥，这是关键施肥时期。一般是门椒长到直径 3cm 左右，每 667m² 随水施入硫酸铵 20kg、硫酸钾 10kg，穴施或沟施，施后盖土、浇水。

（3）盛果肥

当对椒果实膨大，"四门斗"开始发育时，是辣椒需肥的高峰期，这时进行第二次追肥。以速效氮肥为主，配施磷、钾肥，还要注意叶面追施钙、硼、锌等中量及微量元素肥料。结合浇水，每 667m² 追施腐熟的稀粪尿 1000kg 或磷酸二铵 20kg。

（4）满天星肥

第二次追肥后到最后一次采收前 10d，每一层果实开始膨大时（约 10d）结合浇水追一次，共追 5~6 次肥。化肥和稀粪尿交替使用最佳。结果后期生长缓慢，叶色淡绿，果实小而结果少时，每 667m² 施 20％人粪尿约 800kg 或 2％硫酸铵水溶液。

（5）根外追肥

从成果期开始，可根据长势喷施 0.2％~0.3％的尿素、0.2％~8.3％磷酸二氢钾、0.1％~0.2％硫酸镁等肥料，以促进果实膨大。一般 7~10d 一次，连喷 2~3 次。结果后期，每 5~7d 喷施一次 0.3％磷酸二氢钾或 0.2％尿素，也可喷施叶面肥。

八、采收期确定

在果实的体积长到最大限度，果肉加厚而坚硬，果面充分绿熟、光滑、有光泽，种子开始发育，单果重量达到最大。此时，呼吸强度和蒸腾作用最低，有利于运输和短期贮藏。

过嫩的果实，呼吸作用强，果肉薄，贮藏后易褪绿、萎蔫；过老的果实贮藏期间容易转红、变软，风味变劣。

以红果作为鲜菜食用的，宜在果实八九成红熟后采收。

干制辣椒要待果实完全红熟后才采收。

第七章 其他蔬菜生产技术

第一节 白菜类蔬菜生产技术

一、大白菜生产技术

（一）大白菜对环境的要求

1. 大白菜对温度要求

大白菜喜温和气候，生长适温 10~25℃，耐寒性较强。

2. 大白菜对光照要求

大白菜生长期要求有充足的光照条件，光照不足、含水量增加会导致幼苗瘦弱，叶片较薄，叶色浅、根系不发达，抗逆性差，易感染病害。

3. 大白菜对土壤要求

须选择疏松、土层深厚、通气性好、肥力中等、不积水、排灌方便的土壤，深翻 35~45cm，耕作太浅根系无法向下伸展，不利于生长。

（二）大白菜的播前工作

1. 选地

种植前选择阳光充足、土层深厚、疏松肥沃、附近有水源且排灌方便、前茬为瓜豆类作物的沙壤土或轻黏壤土为宜。

2. 整地

7月中下旬，前茬作物收获后，清理菜园地表杂物，喷药灭蚜并防治地下害虫，每 $667m^2$ 施有机肥 5000kg，并掺施过磷酸钙 30~40kg 或磷酸二铵 20~30kg，做畦时开沟施入。深翻土壤，整细整平。

3. 做畦

土地平整后即可做畦。畦形根据当地土壤条件决定，可做成 1.3～1.7m 的宽畦，或 0.8m 的窄畦、高畦。做畦时要深开畦沟、腰沟，围沟 27cm 以上，做到沟沟相通。

（三）播种

1. 确定播种期

大白菜对播种期要求严格。播种过早易得病，播种晚了又包心不实，影响产量和品质。中国北方秋白菜一般播期在立秋前后，最迟不超过 8 月中旬。

2. 种子处理

用种子重量的 0.3％的 25％甲霜灵可湿粉剂拌种防治霜霉病。防黑斑病，用 50℃温水浸种 25min，冷却晾干播种，或用种子重量的 0.2％～0.3％的 50％扑海因可湿粉剂拌种。

3. 确定合理种植密度

合理密植是大白菜增产的重要技术。大白菜的行株距：早熟品种为（55～60）cm×（35～38）cm；中熟品种为（60～70）cm×（45～50）cm；晚熟品种为（70～75）cm×（55～58）cm。

4. 播种方式

（1）直播

大白菜一般采用直播方式播种。条播为主，点（穴）播为辅。直播每 667m² 用种量 200g 左右。播种后，每天早晚各浇水一次，保持土壤湿润，3～4d 即可出苗。

（2）育苗

育苗移植者，每定植 667m² 大田，约需苗床 40m²，用种量 75～100g。

（四）大白菜不同生育期的管理

白菜营养生长阶段依器官发生过程分为下列五个时期：

1. 发芽期

从种子萌动到子叶展开，真叶显露。主要靠种子贮藏养分生长。种子吸水，胚开始萌动，胚根凸出形成主根，子叶出土。当子叶完全展开，两个基生叶显露时即"拉十字"，这是发芽期结束和幼苗期开始的临界期。在适宜的温度和土壤水分条件下需 3～5d。

2. 幼苗期

从真叶显露到形成一个叶序，5～8 片叶展开，即第一叶环。即从"拉十字"到幼苗形成一个"叶环"的叶子为止，幼苗呈圆盘状，此时称"团棵"。早熟品种幼苗期发生 5 片叶，需 12~15d。晚熟品种幼苗期发生 8 片叶，需 17~18d。此期间要间苗与定苗。间苗一般要 2~3 次。

第一次间苗要尽早，避免发生徒长苗。一般在出苗后 5~6d 进行，留强去弱，苗间距 2~3cm。

5~6d 后第二次间苗，一般幼苗已有 4 片苗叶。条播留苗距 8cm，穴播每穴留苗 3 株左右。

再过 5~6d 第三次间苗，按品种定植的株距，在其中间部位只留一苗，使大田中的幼苗均匀分布，株数为需定植株数的 2 倍。

定苗时根据不同品种按一定株距定株或定植，一般隔棵去棵，并在苗期补栽缺苗，更换弱苗、病苗。春季大白菜每亩 2500~3000 株，行株距 60cm×（35~45cm）；夏季大白菜每亩 3500~5000 株，行株距（40~50cm）×（33~40cm）；秋季大白菜早熟种每亩 2500~4000 株，行株距 50cm×（33~50cm），中晚熟种每亩 1800~2700 株，行株距 60cm×（40~60cm）。

3. 莲座期

植株再展出 1~2 个叶序，即幼苗团棵以后再长两个叶环呈莲座状，是个体产量形成的主要时期。此时叶面积大量增加，长成强大叶丛，心叶开始分化幼小球叶。莲座末期心叶开始抱合，称为"卷心"，是莲座期结束的临界特征。这一时期早熟品种经过 20~21d，晚熟品种 27~28d。

中耕结合间苗进行，分别在第二次间苗后、定苗后。一般趁间苗后或雨后地皮燥白时浅锄，将杂草消灭于萌芽之初，并疏松和干燥地表。

培土就是将锄松的沟土培于垄侧和垄面，以利于保护根系，并使沟路畅通，便于排灌。凡是高垄栽培的还要遵循"深榜沟、浅榜背"的原则，结合中耕进行除草培土。

4. 结球期

从开始卷心到叶球长成，莲座期结束后，新叶生长开始形成叶球轮廓，叶球内叶片生长迅速，形成坚实的叶球。结球期又分为前、中、后三期。早熟品种需 25~30d，晚熟品种需 50d。栽培上首先要把结球期安排在最适宜的生长季节里，并加强肥水管理和病虫害防治。

5. 休眠期

大白菜在条件不适宜的情况下被迫休眠，此期间没有光合作用，只有呼吸作用，外叶的部分养分仍向叶球输送。

（五）大白菜高产巧施肥技术

1. 巧施苗肥

大白菜子叶长出后，主根已达 10cm 左右，并发生一级侧根，已具有吸水吸肥能力。为了保证幼苗期得到足够养分，需要追施速效性肥料为"提苗肥"。因此，第一次间苗后每 667m² 施尿素 5~7kg 作为提苗肥，促进幼苗生长。施肥时应重点偏施小苗、弱苗，促其形成壮苗。

2. 重视喷施叶面肥

（1）补钙防治"干烧心"

土壤施钙往往效果不好，应采取叶面补充，在生长期喷施 0.3%~0.5% 的氯化钙溶液或硝酸钙溶液，每隔 7d 一次，连续 2~3 次就可降低干烧心发病率。由于钙在体内移动性较差，在喷钙时，加入萘乙酸，可以改善钙的吸收。

（2）增强叶片绿化功能、防治黄叶及小叶病症

每 667m² 用小叶敌叶面肥 80g，加水 50~70kg 在大白菜苗期、发棵期及结球中期对植株整体均匀喷雾 1 次，能增强大白菜叶片的营养吸收与转化，对大白菜黄叶、白叶、小叶、缩叶、卷叶等生理障碍和缺素症均有良好的治疗效果。

（3）促进植株营养生长，提高产品品质

每 667m² 用磷酸二氢钾叶面肥 150g，加水 50~70kg，在大白菜苗期、发棵期及结球初期均匀喷雾 1 次，即能为大白菜整个生长期提供必需的各种微量元素。

（六）大白菜的采收

一般春播和夏播大白菜由于采收期处于高温季节，因此，采收一定要及时。春播大白菜如果采收过晚，中心柱会伸长甚至抽薹，球内的花蕾容易腐烂且易引发干烧心病。夏播大白菜如果采收过晚，球内容易引发软腐病而导致腐烂。为避免损失，一般在叶球八成紧实时就可陆续收获上市。

中晚熟品种生长日数愈多，叶球愈充分成熟，产量也愈高，因此，尽可能延迟收获以使叶球充实。大白菜能忍受 -2℃ 的低温界限，收获时间一般应由当地气温高低决定，但收获过晚包心过于紧实容易裂球。

1. 采收标准

抱球结实，颜色正常，无黄叶及腐烂叶片、无病害、无虫害、无机械损伤。

2. 采收

主要的方法有砍菜和拔菜。砍菜时将大白菜推歪，用刀砍断主根。拔菜时将白菜外叶扶起，双手扶住大白菜菜身并向一个方向按下，直到把根全部从土壤中拔出，然后用刀将根砍掉，连同主根拔起，伤口较小也易愈合，但要将根部泥土晒干脱落才能入窖。

3. 采后处理

采收后剥去外叶露出商品性内叶后，包装好就可以装箱上市销售。如果需要贮藏则要经过晾晒至失水5％左右较为适宜。

经晾晒的大白菜，去除黄叶烂叶，不黄不烂的叶片要尽量保留以护叶球，经修整后可进行预贮。

4. 贮藏

经常用埋藏法贮存大白菜。选择地势较高的地方挖沟，将大白菜单层直立在沟内，上面覆盖草苫子后盖土防冻，盖土厚度20cm左右；沟深约一棵白菜高度的1.5倍，宽1m左右，长度不限。

二、结球甘蓝生产技术

（一）结球甘蓝生产基础

1. 结球甘蓝的生物学特性

主根不发达，须根多，易发不定根。根系主要分布在深30cm、宽80cm的土层范围内。根吸收水肥能力很强，具有一定的耐涝抗旱能力，土壤深耕后施入大量腐熟基肥可增加根的吸收水肥的面积和显著提高产量。

叶色有黄绿、深绿和蓝绿色。叶面光滑、肥厚，有不同程度的灰白色蜡粉，能减少植株的水分蒸发，故能抗旱耐热。初生叶较小，倒卵圆形，中晚熟品种有叶柄的缺刻。

2. 结球甘蓝的茬口安排及品种选择

（1）春茬甘蓝

选用抗逆性强、耐抽薹、商品性好的早熟品种。

（2）夏茬甘蓝

选择生育期短的早熟品种，定植后到收获期45d左右。

（3）秋茬甘蓝

选用耐热、抗寒和产品耐贮藏的早、中、晚熟品种，可排开播种。

（4）越冬茬甘蓝

应选用耐寒、抗抽薹的专用品种。

（二）育苗

1. 种子消毒小技巧

用50℃温水浸种20min，然后在常温下继续浸种3~4h；每100g种子用1.5g漂白粉，加少量水，将种子拌匀，置容器内密闭16h后播种，可预防黑腐病、黑斑病；用种子重量0.3％的47％加瑞农可湿粉剂拌种可防黑腐病。

2. 催芽

将浸好的种子捞出洗净，稍加风干后用湿布包好，放在20~25℃处催芽，每天用清水冲洗1次，当有20％的种子萌芽时，即可播种。

3. 育苗床准备

选用近三年来未种过十字花科蔬菜的肥沃园土与充分腐熟的过筛圈肥按2：1比例混合均匀，每立方米加三元复合肥1kg。将床土铺入苗床，厚度10~12cm。

用25％的甲霜灵可湿性粉剂与70％的代森锰锌可湿性粉剂按9：1混合，按每平方米用药8~10g与15~30kg细土混合，播种时2/3铺于床面，其余1/3覆盖在种子上。

4. 播种

多先浇水，然后撒播，播后覆土。覆土厚度0.5~1cm。

5. 苗期管理

覆土后加盖稻草保湿，出苗后及时撤除，搭小拱棚覆盖遮阳网，防止阳光直射。待长到2~3片真叶间苗一次，将生长过密的拔掉，保持一定间隔。共进行2~3次间苗，每次间苗后浇一次清粪水，若遇天旱，每天早晚浇水，防止秧苗老化。

（1）分苗

当幼苗2叶1心时分苗。按10cm行株距在分苗床上开沟，坐水，栽苗或直接分苗于10cm×10cm的营养钵内。

（2）分苗后管理

缓苗后划锄2~3次，床土不旱不浇水，浇水时采用浇小水或喷水的方法。分苗后要适当遮阳，有条件的可扣20~30目尼龙网纱防虫。定植前7d浇透水，1~2d后起苗、囤苗，并进行低温炼苗。露地夏、秋季育苗，若气温太高，可采取浇水、遮阳等方法降温。要防止床土过干，同时防暴雨冲刷，及时排除苗床积水。

6. 甘蓝壮苗标准

植株健壮,株高 12cm,茎粗 0.5cm 以下,6~7 片叶,叶片肥厚蜡粉多,根系发达,无病虫害。

(三) 定植

1. 定植地的准备

定植前选择深耕平整土地,每 667m² 施腐熟有机肥 2000~3000kg,加 20kg 复合肥,做成 1m 宽的高畦,栽 2 行。

2. 定植

按行株距(早熟品种行株距 40cm×35cm,每 667m² 栽 4500 株,中晚熟品种行株距为 50cm×40cm,每 667m² 栽 3200 株)要求开沟,坐水栽苗,或培土后立即浇水。地膜覆盖的挖穴坐水栽苗。结合浇定植水,用 1000 倍液的磷酸二氢钾灌根,促生根、保苗、苗匀苗壮。

(四) 水肥管理

1. 水分管理

(1) 定植后

进行中耕蹲苗,少肥水,以促进根的生长。

(2) 缓苗期

定植后 4~5d 浇缓苗水,随后结合中耕培土 1~2 次。缓苗后保持土壤见干见湿,以扩大叶片同化面积。

(3) 莲座期

通过控制浇水蹲苗,早熟种 6~8d,中晚熟种 10~15d,蹲苗结束后进行浇水。

(4) 结球期

保持土壤湿润。为满足生长所需,要给予充足的肥水。结球后期控制浇水次数和水量,以免裂球。

2. 养分管理

科学追肥:秋甘蓝追肥一般分 5 次进行。定植时追施 1 次稀淡的人粪尿;莲座叶形成时,追施第二次肥,要提高浓度,增加用量,每 667m² 施尿素 1kg;莲座叶生长盛期,追施第三次肥,可在行间开沟埋肥,每 667m² 追施尿素 15kg,施入后封土灌水,然后在地面撒施草木灰。在结球前期和中期各追施三元复合肥 1 次,每次 35kg 左右,结球后期停止追肥。

（五）采收

甘蓝进入结球期以后，外层叶叠抱，心叶不断增加，叶面积扩大，使叶球抱合紧密而坚实，叶球顶部发亮，用手压之非常坚实，表明叶球已长到最大限度。

根据甘蓝的生长情况和市场需求，在叶球大小定形，紧实度达到八成时，陆续采收上市，采收时要保留 1~2 轮外叶，以保护叶球免受机械损伤及病菌侵入。在越夏甘蓝栽培时，由于甘蓝叶球包心紧，又处在高温的环境中，极易腐烂，所以采收一定要及时。

1. 采收方法是用刀在叶球基部砍下，把不抱合的外叶剥掉。

2. 结球甘蓝采收时，应轻摘轻放，尽量防止机械损伤。

（六）微生物技术在甘蓝生产中的应用

将普通厩肥经微生物处理后作为基肥使用，在其他管理措施相同的条件下，甘蓝的产量可得到较大幅度的提高，一般可高于常规 15% 左右。

将有机肥晒干并适当破碎至最大直径 5cm 左右（鸡粪或羊粪须尽量粉碎），然后按重量比加入 1% 复合微生物菌种及相应辅料，并按粪水比 1：1.7 左右比例加水，进行堆积发菌，一般每天翻堆一次，冬春季发菌时可 2~4d 翻一次，翻堆时可见粪块上布有大量白色菌丝，此为微生物大量繁殖的标志。一般发酵 10d 左右，冬春季应发酵 20d 左右；处理结束后，按每 667m² 施 4000~6000kg 用量施入即可。

（七）甘蓝先期抽薹防治措施

越冬栽培的春甘蓝易发生先期抽薹，不产生叶球，失去商品价值。

1. 发生原因

春甘蓝在南方进行越冬栽培，从播到收低温占主要时期，很易使植株受低温影响通过春化阶段，从而在未完成结球之前就抽薹。主要的影响因素有以下几点：

（1）甘蓝不同品种间存在较大差异。

（2）与播期相关。同一品种播种越早，通过春化阶段的机会越多，发生先期抽薹的概率越大。

（3）春甘蓝若定植太早，或定植时幼苗越大其先期抽薹率越高。

2. 防治方法

（1）选用冬性强（阶段性长）、结球早的春甘蓝品种种植。

（2）根据品种特性和当地气候决定适宜播期。一般来说，播种愈早，发育愈早，抽薹率也愈高。

（3）把越冬的幼苗控制在感受春化的生理苗龄之下。当幼苗生长过快时，可通过分苗的方法抑制幼苗生长，防止苗子过大而通过春化阶段。

（4）掌握好追肥时期。春甘蓝幼苗处于越冬状态时，要严格控制追肥，避免因追肥促进生长和发育，追肥自春季回暖后开始。

（八）甘蓝裂球原因及防治措施

甘蓝裂球最常见的是叶球顶部呈"一条线"状开裂，也有在侧面或呈"交叉"状开裂，从而露出里面的组织。开裂程度从叶球外面的几层叶片，至可深达短缩茎不等。

1. 发生原因及影响因素

由于甘蓝叶球组织脆嫩，细胞柔韧性小，一旦土壤水分过多，细胞吸水过多胀裂所致。主要的影响因素有以下几点：

（1）甘蓝结球后遇大雨或大水漫灌，造成田间积水的田块易发生裂球。特别是干旱时突降大雨或大水漫灌，更易造成叶球开裂。

（2）品种之间存在差异。尖头品种较圆头、平头品种裂球少。

（3）凡延迟收获的，裂球增多。

2. 防治方法

（1）选择不易发生裂球的品种。

（2）采用高畦栽培，以利雨后及时排水。根据天气预报和土壤墒情适时适量灌水，需要时进行浸灌，避免大水漫灌。叶球生长紧实后，应停止灌水。

（3）根据品种特性及植株生长发育情况适时收获，避免因过熟导致裂球。

第二节　根菜类蔬菜生产技术

一、萝卜生产技术

（一）我国萝卜的类型和品种

根据生长季节的不同，可分为秋萝卜、春萝卜、夏萝卜和四季萝卜等四类。

1. 秋萝卜

通常于夏末初播种，秋末冬初收获，生长期80~100d。这类萝卜产量高、品质好、耐贮藏、供应期长，是各类萝卜中栽培面积最大的一类。其优良品种有：青圆脆、心里美、卫青萝卜、潍县青大红袍、灯笼红、太湖长白萝卜等。

2. 春萝卜和夏萝卜

春萝卜南方栽培较多，晚秋播种，露地越冬，春季采收。北方栽培为春播春收。夏萝卜具有耐热、耐旱、抗病虫的特性，北方多夏播秋收，于9月缺菜季节供应。适于夏秋播种的优良品种有青岛刀把萝卜、泰安伏萝卜、杭州小钩白、南京中秋红萝卜等。

3. 四季萝卜

这类萝卜肉质根小，生长期短（30~40d），较耐寒，适应性强，抽薹迟。北方多在早春于风障阳畦中栽培，或春季露地栽培，供春末夏初需要。优良品种如小寒萝卜、四缨萝卜、扬花萝卜等。

（二）萝卜的播种技术

1. 选择地块

选择土层深厚、土质疏松、富含有机质的沙质壤土或壤土。前茬为粮食作物为糯玉米或者蔬菜作物瓜类或豆类。

2. 整地施肥

冬前深翻土壤，深度达35~35cm，结合深耕每667m²施腐熟有机肥4000~5000kg，经过冻融交替，熟化土壤。第二年3月中旬用旋耕机旋耙细碎整平耕地。

3. 做畦

在3月底起垄，顺垄每667m²撒施草木灰50kg或三元复合肥50kg、过磷酸钙25~30kg、拌有50％辛硫磷乳油3.5升的毒土，防治地下害虫。将垄做成鱼脊形垄，垄高15cm、宽40cm，垄距35~40cm。采用单垄单行生产。

4. 播种

在4月上旬采用点播法，单垄单行栽培，穴距15~20cm，每穴播5~7粒种子，播种深度1.5cm，覆土、镇压。

干播："三水齐苗"播后浇水、隔日浇水、齐苗浇水，做到三水齐苗；随后拉十字期浇第四水，团棵定苗时浇第五水。

湿播：先浇水，后播种，再覆土，再小水勤浇 4~5 次，直到定苗。

（三）萝卜不同生育期的管理技术

在前期播种地块按以下田间管理方案实施：

1. 幼苗期管理

幼苗期以幼苗叶生长为主。于第一真叶时进行第一次间苗，防止拥挤时幼苗细弱徒长。2~3 片真叶时进行第二次间苗，每穴可留苗 2~3 株。4~5 片叶（"破肚"）时，可根据品种特性按一定的株距定苗。此外，如气温高而土壤干旱，应采用小水勤浇并配合中耕松土，促进根系生长。定苗后，每 667m² 可追施硫酸铵 10~15kg，追肥后浇水，并要及时喷洒 10% 吡虫啉 800 倍液防治菜螟和蚜虫，喷两次敌百虫 800~1000 倍液，以消灭萝卜蝇成虫。

2. 肉质根生长前期

此期的管理目标：一方面促进叶片的旺盛生长，形成强大的莲座叶丛，保持强大的同化能力；另一方面还要防止叶片徒长，以免影响肉质根的膨大。

第一次追肥后，可浇水 2~3 次，当第五叶环多数叶展出时，应适当控制浇水，促进植株转入以肉质根旺盛生长为主的时期，此时，还要喷洒 10% 吡虫啉 800 倍液防治蚜虫，喷施 80% 代森锰锌可湿性粉剂 600 倍液预防，发病初期可选用 68.75% 氟吡菌胺·霜霉威 SC（银法利）7500 倍液，或 60% 氟吗·锰锌可湿性粉剂 600 倍液防治霜霉病。"露肩"后，可进行第二次追肥，每亩追施复合肥 25~30kg。

中耕除草与培土工作也要多次进行，长根型的品种要培土护根，防倒伏、防肉质根弯曲。

3. 肉质根生长盛期

此期是萝卜产品器官形成的主要时期，需肥水较多，第二次追肥后须及时浇水，以后每 3~5d 浇水 1 次，经常保持土壤湿润。若土壤缺水，肉质根生长受阻，此粗糙，辣味重，降低产量和品质。一般于收获前 5~7d 停止浇水。生长后期摘除基部枯黄老叶，以改善田间通风。

4. 防止萝卜抽薹开花

萝卜属于种子春化型作物，即白萝卜需要经过低温春化才能抽薹开花。如果种子在萌发出苗阶段处于较高温度就不会抽薹开花。目前，我国主栽萝卜品种完成春化所需要的低温差别很大。根据不同品种抽薹的低温界限值不同，可分为三个品种。

（1）温感反应迟钝型

抽薹的低温界限值为 11.1℃，即日平均温度稳定在 11℃ 以上，播种萝卜就不会出现抽薹开花。如长春大根、早春大根。

（2）温感反应半迟钝型

抽薹的低温界限值为 15.2℃，即日平均温度稳定在 15.2℃ 以上，播种萝卜就不会出现抽薹开花。如四月早生、富春大根、世农大根等。

（3）温感反应敏感型

抽薹的低温界限值为 16℃ 以上，即日平均温度稳定在 16℃ 以上，播种萝卜就不会出现抽薹开花。如鲁萝卜 8 号、西春萝卜 3 号、热白萝卜、四季青等。

（四）萝卜常见生理性病害

1. 生理性病害的表现

（1）畸形根

在萝卜发育初期，主根生长点受到损害或阻碍，导致侧根肥大、肉质根分叉或形成其他类型的畸形。萝卜畸形根通常由以下原因造成：雨水多或灌水过多造成土壤板结；施用未腐熟有机肥料或施肥不匀；土壤耕作层过浅或根下有硬石块；地下害虫多，苗期主根被咬食。

（2）裂根

土壤长期干燥，根的生长暂时停顿，而后突降大雨或灌水，根又迅速生长，易发生裂根。

（3）黑皮或黑心

土壤坚硬、板结，通气不良；施用新鲜厩肥，土壤中微生物活动强烈，使部分组织因缺氧而出现黑皮或黑心。另外，萝卜感染黑腐病也会出现黑心。

（4）糠心

起初在木质部薄壁组织大型细胞离输导组织远，糖分减少甚至消失，产生细胞间隙，随之出现气泡，最后形成糠心。生长期短的早熟品种及肉质疏松的大型品种易糠心。萝卜生长中后期供水不足、萝卜抽薹、贮藏期间遇高温、干燥环境等均易出现糠心。土壤缺钾，生长后期施用氮肥过多，叶簇生长过旺，也会引起糠心。

2. 生理性病害防治措施

（1）选用优良品种

一般入土较浅的品种不易发生畸形根；含水较少、肉质致密的品种不易发生裂根；白皮或白绿皮的品种辣味和苦味较轻。

（2）选择适宜的地块

种植前，选择土层深厚的地块，并深耕细耙，使土壤疏松。

（3）科学增施肥料

施入土壤的有机肥料必须充分腐熟，并撒匀，同时适当增施磷、钾肥，防止单一施用大量氮肥；对连年出现糠心的地块，整地时每 $667m^2$ 施硼酸或硼砂 $0.5~1kg$，并在直根膨大期叶面喷施 $0.2\%~0.5\%$ 硼砂或硼酸溶液，每 3~4d 喷 1 次，连喷 3~4 次。

（4）合理浇水加强肥水管理

保持土壤湿度均匀，防止忽干忽湿或过干过湿。

（五）萝卜采收与储藏

1. 采收

当萝卜叶色转黄褪色时，肉质根充分膨大，基部圆钝，即达到商品标准，此时即可收获。

2. 储藏管理

（1）土坑贮藏法

将新鲜的萝卜削去顶，去毛根，严格剔除带有虫伤、机械伤、裂口和过小的萝卜。挖一个 1m 见方的土坑，将萝卜根朝上，顶朝下，斜靠坑壁，按顺序码紧。码齐一层萝卜，撒上一层 10cm 左右厚的净土，如此交替码放，共码四层。若坑土过干，可适当喷水湿润。最后一层码好后，要根据气候变化逐渐加厚土壤层，天暖少覆土，来强寒流时多覆土，小寒前后覆土完毕，土厚共 1m。质量好的萝卜，入坑前不受热，入坑后不受冻，能贮存到翌年 3 月上旬。

（2）泥浆贮藏法

把萝卜削顶，放到黄泥浆中滚一圈，使萝卜结一层泥壳，堆放到阴凉的地方即可。如果在萝卜堆外再培一层湿土，效果更好。

（3）水缸外贮藏法

在室内放一水缸，里面装满水，把萝卜堆放在缸的周围，上面再培 15cm 厚的湿土即可。

二、胡萝卜生产技术

（一）胡萝卜的类型

根据肉质根形状，一般分三个类型：

1. 短圆锥类型

早熟、耐热、产量低、春季栽培抽薹迟，如烟台三寸萝卜，外皮及内部均为橘红色，单根重 100~150g，肉厚、心柱细、质嫩、味甜，宜生食。

2. 长圆柱类型

晚熟，根细长，肩部粗大，根先端钝圆，如南京、上海的长红胡萝卜，湖北麻城棒槌胡萝卜、浙江东阳、安徽肥东黄胡萝卜、广东麦村胡萝卜等。

3. 长圆锥类型

多为中、晚熟品种，味甜，耐贮藏，如内蒙古黄萝卜、烟台五寸胡萝卜、汕头红胡萝卜等。

（二）胡萝卜的播种技术

1. 整地施肥

选择土层深厚、土质疏松、富含有机质的沙质壤土或壤土。前茬为粮食作物为糯玉米或者蔬菜作物瓜类或豆类。

蔬菜生产技术：

一般以 5m×1.33m 梳齿形开畦，或包沟 1.8m 开直厢，既利于排水，又利于灌水，胡萝卜在播种前须翻耕炕地 20~30d，然后再撒施基肥，三犁三耙，按以上规格整地做畦。基肥施用量，每 667m² 施豆饼 100kg、过磷酸钙 50kg、氯化钾 30kg 或腐熟堆肥 3000kg 加过磷酸钙 50kg、氯化钾 30kg。

2. 播种

（1）播种期

胡萝卜肉质根的生长适宜于冷凉气候，而幼苗期则耐旱耐热。在长江流域秋播胡萝卜，大暑播种，处暑齐苗则产量高，稍迟可在处暑播种白露齐苗，若迟至白露以后播种则产量低。

（2）种子处理

胡萝卜种子果皮厚，上生刺毛，果皮含有挥发油，且为革质，吸水透气性差，发芽慢，胚小，生长势弱，且无胚及胚发育不良的种子多，另外，果皮及胚中还含有抑制发芽的胡萝卜醇，因此发芽率低。一般新籽发芽率 80％左右，陈籽发芽率 65％左右。因此，搞好种子处理，保证全苗是获得丰产的重要措施。

（3）播种方法

撒播或条播。夏季播种时，为防雨后土壤板结，可在胡萝卜播种时撒放少量小白菜或水萝卜，既可为胡萝卜遮阴，亦可提高经济效益。播种深度，砂性土壤为 1.5~2.5cm，黏重土为 1.0~1.5cm。播种后覆土要轻、浅、匀，且覆土后要盖上稻草等物以防暴雨并保湿。出苗后要及时揭去覆盖物。条播行距以 16~17cm 为宜。

（三）田间管理

1. 间苗

胡萝卜喜光，种植过密不利于肉质根的形成，因此，幼苗出齐后要及时间苗。

2. 除草

胡萝卜种子发芽慢，尤其在高温多雨季节杂草生长迅速，应及时除草。与小白菜等混合条播的可在幼苗出土前按指示作物的位置除草，苗高 3~5cm 结合间苗进行中耕除草。且大雨后须培土，以防根部外露出现绿色。

为节省用工，还可使用除草剂。出苗前可施用都尔、拉索、氟乐灵等，苗期可施用盖草能、拿捕净等。

3. 追肥

胡萝卜生长期长，除基肥外，还要追肥 2~3 次，但要控制氮肥施用量，否则易引起叶部徒长，影响肉质根的膨大，同时追肥要稀，否则容易引起歧根。

4. 灌溉

胡萝卜叶面积小，蒸发量少，根系发达，吸收力强，比较耐旱，但在夏秋干旱季节，特别是在根部膨大时，需要适量灌水。一般应将土壤湿度保持在 60%~80%，若供水不足，则肉质根瘦小而粗糙；若供水不匀，忽干忽湿，则易引起裂根。肉质根充分膨大后应停止浇水，以防烂根。

5. 胡萝卜常见生理病害

（1）胡萝卜分叉和弯曲

原因：多于耕层较浅有关，一般发生在岗坡地，土壤粗糙、土中石块较多，肉质根在膨大时受阻，出现叉根和弯曲等奇形怪状的肉质根。如果在施肥时用了未腐熟的粪肥，并且粪肥中混有大的植物残体或塑料布，也可出现叉根和弯曲。

预防：种植根菜类作物，最好选壤土和沙壤土，对于黏性大的土质必须加深耕层，一般要深耕 25cm 以上，并且要旋耕 2~3 遍，使得耕作层深、透、细、碎、平。岗坡地可以采用垄作，耧去石块、集中熟土、加深耕层。在施肥上一定要施用腐熟粪肥，并且要使得粪肥细碎，不可混有大的残物，并在深耕和旋耕前施入。

（2）胡萝卜开裂

原因：水分管理不当是胡萝卜开裂的主要原因，在胡萝卜肉质根膨大期，土壤忽干忽湿，造成细胞分裂生长异常，进而出现开裂。

预防：肉质根膨大期及时浇水，并要求轻、匀、适量，切忌大水漫灌和忽干忽湿。

特别在干旱时，不要大水漫灌，可以隔沟浇，浇地时间选择在早晨或傍晚。

（四）胡萝卜的采收

胡萝卜肉质根的形成，主要在生长后期，越趋成熟则肉质根颜色越深，且粗纤维和淀粉逐渐减少，甜味增加，品质柔嫩，营养价值增高。因此，胡萝卜采收不宜过早，而应待肉质根充分肥大成熟后采收，否则根未充分长大，甜味较淡，产量低。采收过晚，则心柱变粗，品质变劣。应在地上部心叶变黄绿色，外叶稍微枯黄，有半数叶片倒伏，根部不再膨大时及时采收。

（五）防止胡萝卜提早抽薹开花的措施

胡萝卜属于绿体春化型作物，胡萝卜发生早期抽薹后肉质根变硬，失去食用价值。主要原因是播种后遇到一定时期的低温，使植株通过春化而提早抽薹。一般胡萝卜有7张叶片时，遇4.5~15℃低温经25~30d就可以通过春化阶段，进而在收获前大量抽薹开花。生产上为追求春季提早上市，常盲目在春季提早播种，导致胡萝卜易通过春化。预防胡萝卜提早抽薹：

（1）要选用耐抽薹的品种，合理安排播种期。

（2）水分缺乏、氮肥供应不足、病虫害发生严重都可能引起胡萝卜提早抽薹，生长期间要加强水肥管理及病虫害防治。

第三节　绿叶菜类蔬菜生产技术

一、芹菜生产技术

（一）芹菜生长对环境条件的要求

芹菜性喜冷凉、湿润的气候，属于耐寒性蔬菜。芹菜种子发芽最低温度为4℃，最适温度是 15~20℃。芹菜在幼苗期对温度的适应能力较强，能耐-4~5℃的低温，幼苗生长最适温度在 15~23℃。定植至收获前这个时期是芹菜营养生长的旺盛时期，此期生长的最适宜温度为 15~20℃，若温度超过 20℃则生长不良，品质下降，容易发病。芹菜成株能耐-7~10℃的低温。

芹菜属于长日照植物，光照对芹菜的生长发育有一定的影响。芹菜种子在有光条件下易发芽，黑暗条件下发芽迟缓。芹菜的生育初期，要有充足的光照，以使植株开展，充分发育。芹菜在营养生长期不耐强光，喜中等光。

芹菜适宜在保水、保肥力强，含丰富有机肥的壤土或黏壤土上生长。

（二）品种选择与生产季节

芹菜有本芹（中国芹菜）和西芹（西洋芹菜）之分。本芹叶柄较细长，以叶柄颜色又分白色种和青色种。本芹优良品种有：津南实芹1号、津南冬芹、铁杆芹菜等。西芹植株紧凑粗大，叶柄宽而厚，实心，质地脆嫩，有芳香气味，可以分为黄色种、绿色种和杂色种群三种。西芹优良品种有加州王、高犹它 52~70R、嫩脆、美国白芹、意大利冬芹等。

我国相当一部分地区和城市已实现春、夏、秋、冬四茬栽培方式，基本上形成可周年生产供应的栽培制度。

1. 秋芹菜

在我国北方地区，秋季最适宜芹菜的生长，所以露地芹菜以秋季栽培为主，面积最大，本任务谈的即是秋芹菜。北方6月、7月上旬播种育苗，8月、9月上旬定植，10~11月收获，生长期 120~150d。

2. 春芹菜

北方 1~3 月保护地育苗，3~4 月露地定植，5~7 月收获。

3. 夏芹菜

春季断霜后露地育苗，6月、7月上旬定植，8~9月收获上市。夏芹菜在炎热多雨的季节，生长差、死苗多，产量低，种植面积不大。

4. 冬芹菜

在长江流域和南方可露地栽培，在 9~11 月播种，于 12 月至翌年 4 月收获。在北方可用保护地栽培。

（三）播种技术

为避免高温对芹菜种子发芽不利，秋季播种须对种子进行处理，具体做法是：播种前用清水浸种24h，然后用手揉搓，再用清水洗净。将上述种子用纱布包好，放入冰箱冷藏室，注意每天必须冲洗一次。两天后再将种子摊晾在有光的环境中，每天仍用凉水冲洗两次，之后可用电扇吹5～10min，以吹去附在种子上的多余水分。一般经5～6d即可发芽。也可在种子充分吸涨后，用5毫克/升赤霉素浸种10min，来打破休眠促进发芽，效果较好。

选择地势稍高、土质疏松、能灌能排、肥沃的壤土地，做成宽1～1.2m、长6～10m的苗床，每10m²施30～50kg充分腐熟的有机肥和1～2kg磷酸二氢钾，深翻20cm，耙碎搂平。浇足底墒水，待水全渗后播种。

通常采用划线沟的方法播种，每667m²苗田地播种量1～1.5kg，所育幼苗可栽4669～6670m²。将经过处理的种子连同细沙均匀地撒在畦面上，再盖上0.5～1cm厚细沙或营养土（用筛过的农家肥和细土各50％混匀）。在炎热的季节，多选择下午日照强度减弱时或阴天播种，对幼芽顶土有利。为防止强光曝晒和暴雨冲打，可在播种畦面上方搭设木架或竹竿，木架上放些树枝作为简易覆盖，种子顶土即去除。简易覆盖物去除后，可搭架以遮阳网或竹竿，制成荫棚。

（四）苗期管理

当幼芽顶土时视墒情可轻浇一次水，使苗出齐。小苗出齐以后，要小水勤浇，保持土壤湿润。防止苗期猝倒病可用70％百菌清600倍液喷雾。苗期一般可追肥2～3次，主要用尿素提苗。第一次间苗在2～3叶时进行，第一次间苗时苗距要小，0.5cm即可，4～5叶时进行第二次间苗，苗距2～3cm，当苗高10cm以上时即可定植。

（五）定植

1. 大田准备

芹菜栽培应重视基肥的施用，基肥以有机肥为主，一般在定植前每667m²施充分腐熟的优质有机肥5000kg左右或400kg饼肥，结合整地撒施翻入土中，基肥中也可适当地配施少量化肥，特别是磷、钾肥，一般每667m²施三元复合肥50kg；耕翻耙平后，整成1～1.2m宽呈南北方向的畦等待移栽。

2. 秧苗准备

苗床在定植前1～2d浇透水，便于定植时起苗少伤根，提高秧苗成活率，并喷药消灭蚜虫。

秋冬茬芹菜生长期和采收期长。为夺取高产，必须提高单株重量。一般多采用单株定植，个别地区每穴植 1~2 株或 2~3 株不等。行株距因品种而异，一般行距为 10~20cm，株距为 10cm 左右。西芹要偏大一点，行株距以 16~20cm 见方为宜，每 667m² 以 3.7 万~4.2 万株为宜。

3. 栽植

芹菜秧苗定植前的壮苗标准是苗龄 50~60d，株高 15~20cm，5~6 片真叶，茎粗 0.5cm 左右，叶色浓绿，根系发达，无病虫害。定植时连根挖起菜苗，随起苗随栽植，起苗时尽量多带宿土，还要防止损坏叶片。栽时先用尖锹开穴，将幼苗放入穴中，栽苗深度以浇完水保持原来的入土深度，栽苗过浅过深都不利于芹菜生长。

4. 浇水

定植后立即浇定植水，使幼苗根系与土壤紧密结合，防止幼苗根系架空吊死。浇定植水时也可能把少数苗子的"心"或叶淤于泥中，应及时拔出扶起，然后控水蹲苗以促缓苗，根系向下发展。

露地秋芹菜定植时应注意以下事项：

（1）定植时要选壮苗移栽，剔除病苗、弱苗、无心苗等。

（2）大小苗分别定植，便于成长与管理。

（3）起苗时，将拔出的幼苗主根切断，促进侧根生长。

（4）定植时要浅栽，栽培深度以埋住根部为宜，不可将芹菜心叶埋住。

（5）定植密度一般每穴 1 株，株行距 18~20cm，即每 667m² 栽 18 000 株左右为宜。

（6）集中栽完一个畦后，立即浇水。夏季气温较高，蒸发量大，定植芹菜时间最好选在上午 10 时以前、下午 3—4 时以后，以防苗子萎蔫和促进缓苗。

（六）芹菜的田间管理技术

1. 芹菜定植后田间管理的三个重要时期

秋芹菜定植后到收获需 80~90d，可分为以下三个时期：

（1）缓苗期从定植到缓苗结束 15~20d。定植期仍处高温季节，要注意小水勤浇，保持土壤湿润，并降低土温，促进缓苗。

（2）蹲苗期缓苗后应及时控制浇水，进行中耕蹲苗，蹲苗期 15d 左右。当植株团棵，心叶开始直立向上生长，地下也长出大量根系时，这标志植株已进入旺盛生长时期，此时应结束蹲苗。

（3）营养生长旺盛期此期 50~60d。芹菜食用部分主要在这一时期长成，因此要供给好肥水，促进植株旺盛生长。采收前 1 个月开始，叶面喷施 50 毫克/升赤霉素两次，两次间隔 15d 左右。喷后追肥以促进生长，增产效果明显。

2. 芹菜生理性病害防治

（1）黑心腐

①症状

开始心叶叶脉间变褐、逐渐坏死导致整个生长点呈黑褐色。发生原因主要是缺钙造成的，特别是在施肥过多时，抑制了钙的吸收。

②防治方法

在发病前喷施瑞培钙 1500 倍，10d 1 次，连喷 2 次，可有效减轻。

（2）空心

①症状

发生的部位是叶柄，多为喷施激素过多，生长也快，养分供应不足所致。

②防治方法

选用种性好、质量好的实心品种，如意大利冬芹、美国西芹、玻璃脆等；留种时注意复壮；在芹菜旺盛生长期要及时浇水施肥，防止早衰；适时收获，防止叶片老化。

（3）裂茎

①症状

多数表现为茎基部连同叶柄同时开裂，影响芹菜品质。发生原因主要是缺硼所致。

②防治方法

防止裂茎在定植前每 667m² 施入优力硼锌 200g，同时在生长旺期及时叶面喷施瑞培硼 1500 倍。

3. 中耕除草

芹菜生长前期和中期经历时间长、生长缓慢，田间易滋生杂草，应结合追肥进行中耕除草，定植后至封垄前，中耕 3~4 次，中耕结合培土，有利于芹菜生长。为减少除草用工，也可用除草剂防治，可在定植前每 667m² 用 50％扑草净可湿性粉剂 100g 兑水 60kg，或用 33％二甲戊灵（施田补）100~150 毫升兑水 40~50kg，或用 48％氟乐灵乳油 100~150 毫升兑水 40~50kg 均匀地喷雾在土壤表面，植株封行后以人工拔草为主。

4. 肥水管理

一般在缓苗期不追肥。缓苗后，可追施一次促苗肥，每 667m² 随水追施硫酸铵 10kg，或者腐熟的人粪尿 500~600kg，浇水量为每 667m² 施 20~40m³。从新叶大部分展开到收获前，植株进入旺盛生长期，一般追肥 2~3 次。第一次每 667m² 追施硫酸铵 15~20kg，浇水

$30\sim40m^3$；$10\sim15d$ 后，追施腐熟人粪尿 $700\sim800kg$，浇水 $30\sim40m^3$；再过 $10\sim15d$ 后，可再追施一次硫酸铵，每 $667m^2$ 追施量为 $15\sim20kg$，浇水量为 $30\sim40m^3$。有时芹菜栽培正值高温多雨季节，追肥要施用氮素化肥，不用人粪尿，以防止烂根。芹菜掰收后 1 周之内不浇水，以利于伤口愈合。以后心叶开始生长，伤口已经愈合时，再进行施肥浇水。

（七）芹菜的采收与贮藏

1. 芹菜采收

一般定植 $50\sim60d$ 后，叶柄长达 $40cm$ 左右，成株在 $8\sim10$ 片成龄叶时，即可收获。芹菜的采收时期可根据品种、栽培方式、生长情况和市场需求确定，选择不同的采收方法收获，以获得较大的经济效益。如春早熟栽培易发生先期抽薹现象，如收获过晚，薹高老化，品质下降，故宜适当早收。

（1）一次性采收

在芹菜长到 $40\sim60cm$ 高时，一次性收获，洗净扎捆，包装上市。此法在收获前一天，芹菜应灌水，在地面稍干时，早晨植株含水量大、脆嫩时连根挖起上市。一次性采收适合批量销售，倒茬腾地时必须采用这种方法。除早秋播种间拔采收外，其他栽培方式均可采用。此法省工省事，是广大种植户普遍采收的方法之一。

（2）间拔

一般早秋播种的芹菜，在田间栽培密度较大、植株生长不整齐、市场价格较高时，可采取间拔的采收方法。

（3）掰收

随着超市及净菜市场需求的变化，目前市场上对成把规格一致的芹菜叶柄需求很大，而芹菜只要管理得当，可以分茬分批采收规格一致的叶柄，余下的继续生长，不但可以实现一种多收，还可大大增加种植收入。具体做法：当叶柄长出 $7\sim10$ 支、长 $40cm$ 以上时采收，掰的时候一手按住根颈部，另一只手把住叶柄基部掰下或用小刀割取，一定不可转动根茎。操作要小心，防止折断叶柄，影响商品质量。一般每 $7\sim10d$ 掰收 1 次。一次要采下所有长 $40cm$ 以上的叶柄，一般可收 $3\sim4$ 次，直至保护设施内温度太低，不能生长时为止。芹菜采收叶柄后，应立即去除所有病、老、黄叶柄，然后喷洒 1 次杀菌剂，待新出 3 ~4 片叶时，再酌情施 1 次肥水。其他管理同常规。此法较适宜于秋延迟栽培和越冬保护地栽培的芹菜，其采收期不严格，由于市场价格是采收越晚价格越高，越接近元旦和春节价格越高，所以应尽量晚采收。

（4）割收

割收又叫再生栽培法。在芹菜长成后，用利刀割取地上部分扎捆上市。割茬勿伤及根颈部上的生长点。割后立即拔草，清理枯叶，并进行浅松土。3~4d，植株伤口愈合后，新芽长出 9~10cm 高，再培细土，并浇水追肥。通过精细管理，20~25d 后即可连根挖收。如果蔬菜紧缺，价格较高时，可采用此法。

2. 芹菜贮藏方法

芹菜适宜贮藏温度为 0℃，相对空气湿度 98％~100％，一般可以贮藏 2~3 个月。据报道，在 0℃和高湿条件下贮藏的芹菜，3％的氧浓度和 5％的二氧化碳浓度可以降低腐烂和褪绿。

（1）冻藏

各地因气候、寒冷程度不同，所采取的方法也不尽相同。具体做法：在风障北侧修建地上冻藏窖，窖的四周是用夹板垫土打夯而成的墙，厚 50~70cm、高 1m。打墙时在南墙的中心每隔 70~100cm 立一根约 10cm 的粗木棍，墙打成后，拔出木棍使其成为一排通风筒；然后在每个通风筒的底部挖深、宽各 30cm 的通风沟，穿过北墙在地面开口，这样使每个通风筒、通风沟和进风口相连成一个通风系统。在通风沟上铺两层秫秸、一层细土。芹菜捆成 5~10kg 的小捆，根向下斜放入窖内。装满后在芹菜上盖一层细土，以不露叶为度。以后随外界温度的下降分期加盖覆土，覆土总厚度以不超过 20cm 为宜。当外界气温在-10℃以上时，可开放全部通风系统，-10℃以下时要堵死北墙外的进风口，保持窖温在-2~-1℃。窖深及覆土厚度视当地气温变化而定，窖深一般在 80~100cm。出窖后，可将芹菜置于 0~2℃的环境下缓慢解冻使之恢复新鲜状态。

（2）假植贮藏

一般假植沟宽约 1.5m，长度根据贮量而定，沟深依当地气候条件而定，一般为 1~1.2m，2/3 在地下，1/3 在地上。地上部用土打成围墙，将芹菜假植于沟内。具体做法有以下三种：第一种方法是将芹菜带土连根铲下，捆成 1~2kg 或 5~10kg 的菜捆假植于沟内，捆与捆之间应留有空间以利于通风散热等；第二种方法是将芹菜一棵一棵地摆在沟中；第三种方法是将芹菜单株、双株一一栽在土中。以上三种方法中，单双株栽植法贮藏期最长；捆捆方法贮量最大，但由于菜捆中心散热不良，易黄化腐烂，贮期较短；单株摆放的贮藏效果介于以上两者之间。为便于沟内通风散热和防止芹菜倒伏，每隔 1m 左右，在芹菜间横架一束秫秸把。假植后的芹菜应立即灌水，灌水量以淹没根部为准。以后视土壤干湿情况可再灌水 1~2 次。芹菜入沟后用草席覆盖或在沟顶棚盖、覆土，并酌情留通风口。以后随着外界气温的下降分期加盖覆土，堵塞风口。保证贮藏期间沟温在 0℃左右，

防止冻害及环境温度过高。

（3）气调冷藏

用 0.08mm 厚的聚乙烯薄膜制成 100cm、宽 75cm 的袋子，每袋装 10～15kg 经挑选没有病虫害和机械伤、带短根的芹菜，扎紧袋口，分层摆放在冷库菜架上。库温控制在 0～2℃，采用自然降氧法使袋内氧含量降到 5％左右时，打开袋口通风换气，再扎紧。也可以松扎袋口，即扎口时先插一直径 1.5～2cm 的圆棒，扎后拔出使扎口处留有孔隙，贮藏中不需人工调气。一般年份，贮藏 3 个月时，商品率在 90％左右。

二、生菜和芫荽生产技术

（一）生菜的栽培技术

生菜喜冷凉环境，生长适宜温度为 15～20℃。种子较耐低温，在 4℃ 时即可发芽。发芽适温 18～22℃，3～4d 发芽，高于 30℃ 时几乎不发芽。

生菜对日照反应的敏感性：早熟品种最敏感，中熟品种次之，晚熟品种反应迟钝。

生菜不同的生长期，对水分要求不同。幼苗期不能干燥也不能太湿，太干苗子易老化，太湿了苗子易徒长。发棵期，要适当控制水分，结球期水分要充足，缺水叶小，味苦。结球后期水分不要过多，以免发生裂球，导致病害。

生菜适宜在有机质丰富、保水、保肥力强的微酸性土壤中种植。

1. 品种选择

生菜依叶的生长形态可分为结球生菜和散叶生菜，散叶生菜又分为皱叶生菜和直立生菜。我国栽培的主要是皱叶生菜和结球生菜。生菜选择适宜的品种，结合保护地栽培，可以做到周年生产、全年供应。露地主要栽培春、秋两茬。春季栽培易播早熟、耐热、晚抽薹品种；秋季栽培时要注意先期抽薹的问题，应选用耐热、耐抽薹的品种。

2. 培育壮苗

当旬平均气温高于 10℃ 时，可在露地育苗，低于 10℃ 时，需要采取适当的保护措施。

（1）苗床准备

床土配制：10m² 苗床用腐熟的有机肥 10kg、硫酸铵 0.3kg、过磷酸钙 0.5kg、硫酸钾 0.2kg，充分混合均匀铺平耙细，浇足底水，待水下渗后，随即撒籽。

（2）种子处理

在高温季节，种子发芽困难，应进行催芽处理。一种方法是将种子用井水浸泡约 6h，搓洗捞取后用湿纱布包好，注意通气，置于 15～18℃ 下催芽，或吊于水窖中催芽；另一种方法是将种子用水打湿放在衬有滤纸的培养皿中，置放在 4~6℃ 的冰箱冷藏室中处理一昼夜，再将种子置于阴凉处保温催芽。

（3）播种

种子催芽后，当有 80% 的种子露白时即可播种。每 667m² 大田育苗需种量 25g。为使播种均匀，播种时将处理过的种子掺入少量细沙土，混匀，再均匀撒播，覆 0.3~0.5cm 厚潮土。冬季播种后盖膜增温保湿，夏季播种后覆盖遮阳网或稻草保湿、降温促出苗。

（4）苗期管理

苗长至 2~3 片真叶时按 4~5cm 间距间苗，间苗的同时拔净苗畦内的杂草，间苗后应浇 1 次水。为防苗期病害，可喷 1~2 次 600 倍 75% 的百菌清药液。生菜秧苗 4~5 片真叶时即可定植。

3. 合理定植

（1）大田准备

每 667m² 施有机肥 4000~5000kg、过磷酸钙 20kg，或复合肥 50kg。施后深翻，浇足底水，见干后做畦。

（2）定植方法

定植前一天将苗床灌水，使苗坨湿润。第二天起苗尽量多带土，减少根系损伤，提高成活率。栽植深度以不埋住心叶为宜，定植后及时浇定根水。一般栽植密度：早熟品种行株距为 23cm×20cm，中、晚熟品种为 33cm×24cm。高温季节定植的，应在定植当天上午搭好棚架，覆盖遮阳网，下午 4 时后移栽。

根据天气情况和栽培季节灵活采取栽苗方法：露地栽培可采用挖穴栽苗、后灌水的方法；冬春季保护地栽培，可采取水稳苗的方法，即先在畦内按行距开定植沟，按株距摆苗后浅覆土将苗稳住；在沟中灌水，然后覆土将土坨埋住，这样可避免全面灌水后降低地温给缓苗造成不利影响。

4. 田间管理

（1）水肥管理

定植 5~7d 后浇 1 次缓苗水。缓苗后应根据天气、土壤墒情和生长情况适时浇水，一般每 5~7d 浇水 1 次，中后期浇水不能过量。采收前停止浇水，以利贮运。

生菜需肥较多，应勤施和多施肥。由于生菜大多生食，所以，追肥不建议施用人畜粪，一般以化肥为主。定植后 5~7d 追施少量速效氮肥；15~20d 后每 667m² 追施复合肥 15~20kg，以促进发棵及莲座叶的形成；25~30d 后追施复合肥 10~15kg，以促进结球紧密、叶球大。

（2）中耕除草

定植缓苗后，应进行 2 次中耕松土除草。中耕的深度前期易浅，后期易深。

5. 采收

生菜的采收宜早不宜迟，一般在定植后 40~60d 采收。收获时用小刀自地面割下，剥除外部老叶，除去泥土，保持叶球清洁。

（二）芫荽的栽培技术

芫荽喜冷凉气候，不耐高温，但耐寒性很强，能耐 -1~2℃ 的低温，适宜生长温度为 17~20℃，超过 20℃ 生长缓慢，超过 30℃ 停止生长。其种子发芽适温为 18~20℃，超过 25℃，发芽率迅速下降，超过 30℃ 几乎不发芽。由于种子具有热休眠特性，未经处理的芫荽种子在夏季生产中难以出苗。

芫荽属长日性作物，12h 以上的长日照能促进发育，在短日照的条件下，须经 13℃ 以下的较低温度才能抽薹开花。

芫荽适宜土壤结构好、保肥保水性能强、有机质含量高的微酸性或中性（pH 值 6.5~7.0 最好）土壤。

芫荽栽培管理简单，且生长期短，一年四季均可种植。春、夏、秋三季在露地栽培，冬季采用保护栽培。夏季栽培困难，要注意遮阳降温。以秋播的生长期长，产量高。温室可作为主栽蔬菜的前后茬，还可与其他蔬菜间混套种，插空栽培。

1. 品种选择

芫荽按种子大小可分为小叶品种和大叶品种。小叶品种产量虽不及大叶品种高，但香味浓、耐寒、适应性强，一般栽培多选小叶品种。

2. 整地施肥

芫荽忌连作，切不可重茬。前茬作物收获后，及时深翻 15~20cm，让其风化晒垡 2 周以上，然后每 667m² 撒施腐熟的优质农家肥 3000~5000kg、复合肥 10~15kg 做基肥，耕耙后做成畦面宽 100~150cm、高 20~25cm，长按地块长度而定，沟宽 30~40cm，兼做人行道。畦面要求土壤细碎、疏松、平整。夏秋采用平畦栽培，冬春采用高畦栽培。若采用条播还应在畦面按行距 8~10cm 开宽 4~5cm、深约 2cm 的播种条沟，准备播种。

3. 种子处理

芫荽种皮较坚硬，常规方法播种出苗缓慢。可干籽播，也可催芽后播，后者可提早 7~10d 出苗，且出苗整齐。秋芫荽可搓开果实的干籽。夏季栽培须进行浸种低温催芽，具体做法：将种子用 1％高锰酸钾液或 50％多菌灵可湿性粉剂 300 倍液浸种 30min 后捞出洗净，再用干净冷水浸种 20h 左右，在 20~25℃条件下催芽后播种。

4. 播种

在华北中南部，播种时间为春播 3—4 月进行，秋播 7 月下旬至 8 月播种，夏季播种期要求不严，一般 5—6 月播种。

夏秋季播种后在畦面覆盖遮光率为 45％的遮阳网，出苗后把遮阳网升高至 80～100cm，搭成小平棚覆盖畦面直至采收结束。

第八章 节水节肥灌溉技术简述

第一节 喷灌技术

一、喷灌基本知识

喷灌是先进的田间灌水技术，用喷头把水洒向空中，水在空中变成水滴后降落到田面（又称"人工降雨"），是一种使被灌溉土地全部湿润的灌水方式。喷灌系统一般由水源（机井、地表明水）、动力设备（电动机、柴油机）、管网（一般包括干管和支管及其相应的连接控制部件，如弯头、三通、闸阀等）和喷头（一般用竖管支掌连在支管上）组成。喷灌具有灌水均匀，用水量省；适应性强；省地、省工；较传统地面灌水作物产量高等优点。

（一）喷灌系统分类

喷灌系统可按不同方法分类。按系统获得压力的方式分为机压喷灌和自压喷灌；按设备组成分为管道式喷灌和机组式喷灌；按喷洒特性分为定喷式喷灌和行喷式喷灌；按管网是否移动和移动程度分为固定式、移动式和半固定式喷灌系统。

1. 固定式喷灌系统

喷灌系统的各组成部分除喷头外，都是固定不动的，水泵和动力机组成固定型的泵站，干管和支管埋入地下。固定式喷灌具有使用操作方便、易管理养护、生产率高、运行费用低、工程占地少等优点，但工程投资大、设备利用率低。固定式喷灌系统在北京常用于草坪喷灌。

2. 移动式喷灌系统

在田间，水源（机井、塘式引水渠）是固定的，而动力、管道和喷头全都是移动的。在灌溉季节里，一套设备可以在不同地块上轮流使用，因而提高了设备利用率，降低了单位面积的设备投资，但管理劳动强度大。

3. 半固定式喷灌系统

喷灌系统的动力，水泵和干管是固定的。在干管上隔一定距离装有给水栓，支管和喷头是移动的。支管在一个位置上与给水栓连接进行喷洒，喷洒完毕，即可移至下一个给水栓，连接后再行喷洒。这样的喷灌系统相比固定式喷灌设备利用率高、投资省，操作起来比移动式喷灌劳动强度低，生产率也高一些。

（二）喷头的选用

1. 喷头的分类

喷头的种类很多，按工作压力大小，可分为高压、中压、低压三类；按喷头结构形式可分为旋转式、固定式和孔管式三种；按喷水特征可分为散水式和射流式。

2. 喷头的主要水力参数

选择喷头的主要依据有工作压力、流量、射程等水力参数。

（1）工作压力

喷头的工作压力是指喷头进口前的内水压力，单位为 kPa 或 kg/cm^2。

（2）流量

单位时间内喷头喷出的水体积称为喷水流量 q，单位为 m^3/h 或 L/S。

（3）射程

射程是指在无风条件下，喷射水流所能达到的最大距离，也称喷洒湿润半径 R，单位为米（m）。

3. 选用喷头的原则

选用喷头时，根据其工作压力、流量、射程、喷嘴直径、喷洒强度来确定。应遵循的原则：结构简单、运行可靠、维修方便、耗能低，还要有良好的降雨分布特性和雾化程度。目前使用最普通的是 PY 系列摇臂式喷头。

（三）喷灌的基本技术要求

1. 喷头的组合布置合理

喷头的喷洒方式有全圆喷洒和扇形喷洒，全圆喷洒喷头的间距较大，喷洒强度较小，一般在管道式喷灌系统中采用，只在地边、地角做扇形喷洒。

喷头的组合布置形状，一般用相邻 4 个喷头平面位置组成的图形表示。喷头的基本布置形式有两种，矩形组合和平行四边形组合。

喷灌组合的原则：①组合均匀度满足设计要求；②不发生漏喷；③组合平均喷灌强度不大于土壤允许喷灌强度；④系统投资和运行费用低。

2. 适时适量灌水

按照作物需水规律，制订科学的灌水计划，根据土壤水分、作物长势、天气变化情况随时调整灌水计划，用以指导灌水。

3. 均匀灌水

合理布置喷洒点的位置，达到灌水均匀的目的。一般要求在设计风速下均匀系数不低于 $0.75 \sim 0.85$。

4. 喷灌强度

单位时间内喷洒在田间的水层深度称为喷灌强度。

5. 雾化良好

雾化程度指喷头喷射出去的水流在空中的粉碎程度。

二、喷灌系统设计

（一）收集基本资料

收集的基本资料主要包括地形、土壤、水源、气象、作物、灌水经验、土地利用、水利建设现状及发展规划等。

（二）工程总体安排布置

1. 选择喷灌系统形式。

2. 选用喷灌机型、喷头型号。

3. 初步安排水源、泵站、各级管道位置。在地面坡度较大的山丘区，干管应沿主坡方向布置，并尽量在高处，支管则平行等高线或沿梯田布置。在可能的条件下，还应设法使支管与风向垂直，与作物垄向一致，尽量使管线最短。

4. 确定喷头组合形式以及喷头在支管上的布置间距和支管间距，绘制工程平面布置图。

（三）确定开启喷头数

当风速超过 1m/s 时，相邻的喷头同时喷洒，各喷头湿润的面积有重叠，这时设计喷灌强度显然比单喷头无风条件下全圆喷洒的喷灌强度大。

（四）确定管道管径

1. 输配水管管径

输配水管管径用经验公式计算，选取管道规格表内接近值。

2. 支管管径

选定支管管径应尽量设法使支管首末端压力差不超过喷头工作压力的20％。

三、喷灌器材

（一）喷头

喷头的选用要考虑喷头自身的水力性能（流量、射程、工作压力、均匀度、喷嘴形状与直径）、作物种类和土壤特点。一般说来流量大、射程远的喷头，水滴就大，反之水滴就小。因此，蔬菜、幼嫩作物就要选用小喷头，而小麦、玉米则可选用较大的喷头。

对于黏性土要选用低喷灌强度的喷头，而砂性土则可选用喷灌强度稍高的喷头。

在需要采用扇形喷洒方式时，还应选用带有扇形机构的喷头。对于自压喷灌系统，其工作压力主要取决于自然水头，还要根据地形的高低选择不同的喷头，在最高处压力最小，用低压喷头，在最低处，压力最大，采用高压喷头。

（二）管材及附件

喷灌管材按其使用方式可分为固定管和移动管，按材质可分为金属管和非金属管。目前，在喷灌中用得较多的固定管材是高压聚氯乙烯管（RPVC管），移动管多用铝合金管。

管材要根据管网所承受的水压力、外力以及管道的移动程度等因素，并参照各种管材的优缺点、性能、规格和使用条件来选定，还应考虑单价、使用寿命和市场供应等情况。现在固定管道多采用高压硬塑料管，但在外力较大的地方（如穿越道路下面时）则考虑改用钢管或铸铁管。移动管则要用铝合金管、薄壁钢管、薄壁铝管。

喷灌塑料管有硬聚氯乙烯（UPVC）管、高压聚乙烯（PE）管、聚丙烯（PP）管。按壁厚不同，可承受内压 $0.4 \sim 1.2 MPa$。其优点是容易施工，能适应一定的不均匀沉陷，使用寿命长。

喷灌系统附件主要分控制用和安全用管件两大类，一般常用的控制阀、安全阀、减压阀、排气阀、水锤消除器、专用阀等，其作用主要是控制管道系统内的压力和流量，在管

道内水压发生波动时，确保管道系统的安全。喷灌专用阀包括弯头阀、给水栓和竖管快接阀方便体等。

（三）水泵及动力

水泵种类繁多，在农业灌溉方面，除了选用高扬程的离心泵作为喷灌加压泵外，还有供喷灌加压用的专用水泵，称为喷灌专用泵。

水泵的扬程必须大于喷灌系统的设计水头。水泵的流量必须大于喷灌系统的设计流量。喷灌系统设计流量应大于全部同时工作的喷头流量工作之和。

根据流量和扬程值，在水泵性能表中选用性能相近的水泵，与水泵配套的电动机，一般可以由水泵样本直接查得。

（四）喷灌机组

喷灌机组是自成体系，能独立在田间移动喷灌的机械。喷灌机的形式多种多样，选择时应根据当时的实际情况，如地形、灌溉面积、作物、水源、土壤、人力、投资等。喷灌机组有大中型喷灌机组和小型喷灌机组，大中型喷灌机组适用于灌溉面积较大的地区，而在山丘区，大多数采用小型喷灌机。

小型喷灌机组，把动力机、水泵、喷头及一部分管道等用机架组装在一起，就成为喷灌机。微型、轻型喷灌机可以手提或人抬移动。为了扩大喷灌机的控制面积，减少搬移次数和田间供水管渠的密度，多数喷灌机都有配有长度不等的管道。小型喷灌机组有手提式、手抬式、手推式三种。

优点：移动方便，使用灵活，投资低，适应性强，技术要求不高，可综合利用农村小动力。缺点：机具移动不便。

四、喷灌工程维护管理

（一）喷灌系统在田间灌水时的正确操作

地面移动管道每次使用前应逐节检查，并符合下列要求：①管和管件完好齐全，止水橡胶圈质地柔软，具有弹性；②地面移动管道的铺设应从其进水口开始，逐渐进行；③管道接头的偏转角不应超过规定值，竖管应稳定直立；④轮换支管时，交替支管的阀门应同时启闭；⑤地面移动管道搬移前，应放掉内积水，拆成单根，搬移时严禁拖拉、滚动和抛掷；⑥在拆装搬移金属管道时，应防止触及电线，灌水时喷射水流要防止射向裸露输电线；⑦软管应盘卷搬移；⑧喷灌作业开机时要先完全开启支管管端闸阀，微启总干管管端闸阀，在开泵，待水泵运转正常时再缓缓打开干管首端阀，直到完全打开；⑨喷灌系统工作时，对工作不正常的喷头要及时更换；⑩主管道发生问题时须及时停泵，要先缓缓关闭干管首端闸阀再停泵。

喷头运转中应进行巡回监视，如发现下列情况应及时处理：①进口连接部件和密封部位严重漏水；②不转或转速过快、过慢；③换向失灵；④喷嘴堵塞或脱落；⑤支架歪斜或倾倒。

（二）喷灌器材的保管养护

1. 喷头的保养

每年灌溉季节终了或喷头长期不使用时，要对喷头进行依次全面的分析检查，清洗所有部件，擦干后，并往各钢铁联结部位和摩擦表面涂油防锈。

喷头存放时，宜松弛可调弹簧，并按不同规格型号顺序排列存放，不得堆压。

喷头保养技术要求：①零件齐全，联结牢固，喷嘴规格无误；②流道通畅，转动灵活，换向可靠；③弹簧松紧适度。

2. 管道的使用和保养

移动管道不用时，入库前应先进行保养：拆下橡胶圈洗净，阴干，涂上滑石粉，置于远离石油制品的干燥通风处；管道及管件不能和含碱的物质放在一起，如石灰、化肥、煤等；入库时管道和管件不得露天存放，距离热源不得小于1m。

3. 水泵的保养

采用钙基脂做润滑油的水泵，每年运行前应将轴承体清洗干净，依次更换润滑油。采用机油润滑的新水泵，运行100h应清洗轴承体内腔，换以洁净的机油之后，每工作500h更换一次。

水泵运行1500~2000h，所有部件应拆卸检查，清洗除锈，维护保养。灌溉季节结束，应将泵体内积水放尽。冬灌期间，每次使用后，均应及时放水。长期存放时，泵壳及叶轮等过流部位应涂油防锈。

4. 动力机的保养

电动机应经常除尘，保持干燥。经常运行的电动机每月应进行一次检查，灌溉季节结束后应进行一次检修。

长期存放的电动机，应定期接通电源空转，烘干防潮。

长期存放的柴油机，应放尽机油、柴油和冷却水，并向缸筒注入 10~15g 的新机油，同时应封堵空气滤清器，拭净管口和水箱口，覆盖机体。单缸柴油机应摇转曲轴使活塞处于压缩行程上止点位置。

5. 喷灌机的保养

每次喷灌作业完毕，应对喷灌机各部件进行日常保养，并检查联结紧固情况。

每年灌溉季节结束，应对喷灌机各部件进行全面检修，入库存放。喷灌机存放时，应排列整齐，安置平稳，相互间留有通道，轮胎或机架应离地，传动皮带应卸下，弹簧应放松。

第二节　微灌技术

一、微灌系统基本知识

微灌是一种现代灌水技术，包括滴灌、微喷、小管出流灌、涌流灌和渗灌等，其共同特点是运行压力低、出流量小、灌水次数频繁，能精确控制灌水量，通过湿润作物根区土壤达到灌溉的目的。

微灌是借助于一套微灌设备，包括首部枢纽，有压管道系统和灌水器。由于微灌只局部湿润，不破坏土壤结构，土壤的水、热、气、养分状况良好，结合微灌施肥进一步协调了作物的水肥供应，促进作物稳定、高产、优质。

（一）微灌的类型

按灌水器出流方式不同，可以将微灌分为三种类型：

1. 滴灌

滴灌是通过安装在毛管上的滴头、孔口或滴灌带等灌水器将水一滴一滴地，均匀而又缓慢地滴入作物根区。常用于果树、蔬菜等经济作物。

蔬菜滴灌，引用滴灌技术于温室、塑料大棚中，为绿色工厂"生长"作物供水——薄壁双上孔管带微灌系统。微灌系统对压力增加适应能力较差。

2. 微喷灌

灌溉水通过微喷头喷洒作物和地。这种灌水方式简称微喷。微喷不仅可以补充土壤水分，又可提高空气湿度，调节田间小气候，多见于设施农业、花卉灌溉。

3. 管出流灌

小管出流灌溉是利用管网把压力水输送分配到田间，由内径 φ4 的 PE 小管与 φ4 的接头直接插入毛管壁作为灌水器，压力水呈射流状进入绕树的环状沟（或平行树行直沟）内，达到灌溉的目的。这种灌溉方法只湿润作物部分根区属局部灌溉方法，小管出流的流量小于 200L/h。小管出流灌可以避免灌水器堵塞，适合于果园和林地灌溉。

（二）微灌系统的组成

微灌系统由水源首部枢纽、输配水管网和灌水器组成。

1. 水源须符合水质要求，不引起微灌系统堵塞的河水、湖水、渠水、井水均可作为微灌水源。常须修建蓄水池、沉沙池等水源工程。

2. 首部枢纽，通常由水泵及动力机、控制阀门、水源净化装置、施肥装置、测量及保护设备等组成。

3. 输配水管网，一般干、支管埋入地下，毛管地埋或敷设地表。

4. 灌水器，灌水器安装在毛管上。

（三）微灌用灌水器的类型

1. 滴头

通过流道或孔口将毛管中的压力水流变成滴状或细流状的装置称为滴头。滴头常用塑料压注而成，工作压力约为 100kPa，流道最小孔径在 0.3~1.0mm，流量在 0.6~1.2L/h。基本形式有微管式、管式、涡流式和孔口式，前三种是通过立面或平面呈螺旋状的长流道来消能。为了减少滴头堵塞，部分滴头还可做成具有自清洗功能的压力补偿式滴头，其工作原理是：利用水流压力压迫滴头内的弹性体（片）使流道（或孔口）形状或过水断面面积发生变化，从而使水流自动保持稳定。另外，还有带脉冲装置、间隔一定时间呈喷射状出水的脉冲式滴头。

2. 滴灌管（带）

滴头与毛管制造成一整体，兼具配水和滴水功能的管称为滴灌管（带）。滴灌管（带）有压力补偿式和非压力补偿式两种。按滴灌管（带）的结构可分为两种：内镶式滴灌管（带）和薄壁滴灌管（带）。

（1）内镶式滴灌管（带）

在毛管制造过程中，将预先制造好的滴头镶嵌在毛管内的滴灌管（带）称为内镶式滴灌管（带）。内镶滴头有两种，一种是片式，另一种是管式。

（2）薄壁滴灌管（带）

国内使用的薄壁滴灌管（带）有两种。一种是在 0.2~1.0mm 厚的薄壁软管上按一定间距打孔，灌溉水由孔口喷出湿润土壤；另一种是在薄壁管的一侧热合出各种形状的流道，灌溉水通过流道以滴流的形式湿润土壤。

3. 微喷头

微喷头是将压力水流以细小水滴喷洒在土壤表面的灌水器。单个微喷头的喷水量一般不超过 250L/h，射程一般小于 7m。

微喷头也即微型喷头，作用与喷灌的喷头基本相同。只是微喷头一般工作压力较低，湿润范围较小，对单喷头射程范围的水量分布要求不如喷灌高。其外形尺寸大致在 0.5~1.0cm，喷嘴直径小于 2.5mm，单喷头流量不大于 300L/h，工作压力小于 300kPa。

微喷头种类繁多，多数用塑料压注而成，有的也有部分金属部件。按喷射水流湿润范围的形状有全圆和扇形之分，按结构形式和工作原理可分为射流旋转式、折射式、离心式和缝隙式等几种。

（1）射流旋转式微喷头

水流从喷水嘴喷出后，集中成一束向上喷射到一个可以旋转的单向折射臂上，折射臂上的流道形状不仅可以使水流按一定喷射仰角喷出，而且还可以使喷射出的水舌反作用力对旋转轴形成一个力矩，从而使喷射出来的水舌随着折射臂做快速旋转。故它又称为旋转式微喷头，一般由旋转折射臂、支架、喷嘴构成。其特点是有效湿润半径较大，喷水强度较低，水滴细小，但旋转部件易磨损，使用寿命较短。

（2）折射式（雾化）微喷头

水流由喷嘴垂直向上喷出，遇到折射锥即被击散成薄水膜沿四周射出，在空气阻力作用下形成细微水滴散落在四周地面上。折射式微喷头又称为雾化微喷头，其主要部件有喷嘴、折射锥和支架。其优点是结构简单，没有运动部件，工作可靠，价格便宜。其缺点是由于水滴太微细，在空气干燥、温度高、风力大的地区，蒸发漂移损失大。

（3）离心式微喷头

结构外形的主体是一个离心室，水流从切线方向进入离心室，绕垂直轴旋转，通过处于离心式中心的喷嘴射出的水膜同时具有离心速度和圆周速度，在空气阻力的作用下水膜被粉碎成水滴散落在微喷头四周。这种微喷头的特点是工作压力低，雾化程度高，一般形成全圆的湿润面积，由于在离心室内能消散大量能量，所以，在同样流量的条件下，孔口较大，从而大大减少了堵塞的可能性。

（4）缝隙式微喷头

水流经过缝隙喷出，在空气阻力作用下，裂散成水滴的微喷头，一般由两部分组成，下部是底座，上部是带有缝隙的盖。

4. 渗灌管

废橡胶与塑料混合制成的渗水的多孔管，埋入地下直接对作物根区土壤进行湿润。

灌水器性能参数如下：

灌水器的主要性能参数包括：工作压力、流量、流道最小孔径、水力补偿性能、消能结构特征、构造特征、喷嘴直径、喷水强度、射程（旋转、折射）、湿润面积、流态指数等。这些性能参数由生产商提供。

（四）微灌管道的种类

微灌工程应采用塑料管。塑料管具有抗腐蚀、柔韧性较好、能适应较小的局部沉陷、内壁光滑、输水摩阻小、比重小、重量轻和运输安装方便等优点，是理想的微灌用管。塑料管的主要缺点是受阳光照射易老化，但埋入地下时，塑料管的老化问题将会得到较大程度的缓解，使用寿命可达 20 年以上。对于大型微灌工程的骨干输水管道（如上、下山干管，输水总干管等），当塑料管不能满足设计要求时，也可采用其他材质的管道，但要防止因锈蚀而堵塞灌水器。

微灌系统常用的塑料管主要有两种：聚乙烯管（PE）和聚氯乙烯管（PVC）。直径在 63mm 以下时，一般采用 PE 管。直径在 63mm 以上时，一般采用 PVC 管。

（五）微灌管道连接件的种类

连接件是连接管道的部件，亦称管件。管道种类及连接方式不同，连接件也不同。鉴于微灌工程中大多用 PE 管，因此，这里仅介绍 PE 连接件。目前，国内微灌用 PZ 塑料管的连接方式和连接件有两大类：一是以北京绿源公司为代表的外接管件（φ20mm 以下的管也采用内接式管件）；二是以山东莱芜塑料制品总厂为代表的内接式管件。两者的规格尺寸相异，用户在选用时，一定要了解所连接管道的规格尺寸，选用与其相匹配的管件。

1. 接头（直通）

接头的作用是连接管道。根据两个被连接管道的管径大小，分为同径和异径连接接头。根据连接方式可分为螺纹式接头、内插式接头和外接式接头三种。

2. 三通

三通是用于管道分叉时的连接件。与接头一样，三通有同径和异径两种，每种型号又有内插式和螺纹式两种。

3. 弯头

在管道转弯和地形坡度变化较大之处就需要使用弯头连接。其结构也有内插式和螺纹式两种。

4. 堵头

堵头是用来封闭管道末端的管件，有内插式、螺纹式。

5. 旁通

用于支管与毛管间的连接件。

6. 插杆

用于支撑微喷头，使微喷头置于规定高度，有不同的形式和高度。

7. 密封紧固件

用于内接式管件与管连接时的紧固件。

二、微灌系统主要设备

（一）水泵与动力设备

微灌用水泵与动力设备与喷灌所用的没有什么区别。

（二）过滤设备

微灌要求灌溉水中不含有造成灌水器堵塞的污物和杂质，而任何水源（包括水质良好的井水）都不同程度地含有污物和杂质。这些污物和杂质可区分为物理、化学和生物类，诸如尘土、砂粒、微生物及生物体的残渣等有机物质，碳酸钙易产生沉淀的化学物质，以及菌类、藻类等水生动植物。在进行微灌工程规划设计前，一定要对水源水质进行化验分析，并根据选用的灌水器类型和抗堵塞性能，选定水质净化设备。

微灌系统的初级水质净化设备有拦污栅、沉淀池和离心式泥沙分离器（又称离心过滤器）等。常用的微灌用过滤器还有砂石过滤器和筛网过滤器。

1. 旋流水沙分离器

旋流式水沙分离器，它是利用密度差，根据重力和离心力的作用原理来分离比重大于水的悬浮固体颗粒。切向进入旋流式水沙分离器的压力水流高速旋转，产生强大的离心加速度，从而使密度不同的物质迅速分离。密度较大的固体颗粒沿器壁旋转下沉至底部集污室，而密度较小的水则被推向中心低压部位，并在回压作用下逆向流至顶部出口，进入供水管道。

进入旋流式水沙分离器的两相流体首先沿器壁螺旋向下运动，形成外旋流。但因旋流式水沙分离器下部是倒锥体，其断面面积向下逐渐缩小，流速越来越大，致使沉沙口无法将外旋流全部排除。于是部分流体逐渐脱离外旋流向内迁移，且越接近沉沙口内迁的量越大。这部分呈螺线涡形式内迁的流体，只能掉转方向向上运动，形成内旋流从上部溢流口排除出。对于含有悬浮固体颗粒的灌溉水而言，较大的固体颗粒受到的离心力大，将通过外旋流从底部排出；较小的固体颗粒和水将形成内旋从顶部溢流口排出。

旋流式水沙分离器只有当被分离颗粒的比重大于水的比重时才有效，最适宜去除水中的泥沙，一般作为过滤系统的第一级处理设备。

旋流式水沙分离器的主要优点是，运行的同时就可以排污，因此，能连续处理高含砂量的灌溉水，且分离的粒径可以根据设定的流速来确定。但旋流式水沙分离器进出水口之间的水头损失比较大，在水泵启动和停机时过滤效果下降，且分离能力与水中的含砂量大小有关。

2. 砂过滤器

砂过滤器是由装在密封罐中、选定尺寸的砂和细砾石组成三维砂床过滤，既可以处理无机物，也可以处理有机物，去污能力很强，是含有有机物和粉粒泥沙灌溉水的最适宜的过滤器类型。

灌溉水由进水口进入过滤罐，并逐渐渗过各砂砾层，水中的污物被各砂砾层截获并滞留在各砂砾的空隙之间，由此完成过滤。因为砂过滤器不仅能把轻质污物拦截在滤层表面，而且较重的颗粒可以沉入砂层数英寸，加大了对悬浮固体的滞留能力，所以砂过滤器效果较好。

砂过滤器适用于水库、明渠、池塘、河流、排水渠及其他含污水源，根据水量输出和过滤要求，砂过滤器可单独或组合使用。

3. 筛网过滤器

筛网过滤器是一种简单而有效的过滤设备。它的过滤介质是尼龙筛网或不锈钢筛网。这种过滤器的造价较为便宜，在国内外微灌系统中使用最为广泛。灌溉水流入过滤器时，污物被内外过滤单元阻隔，清洁水则在内腔汇合进入下级管道。过滤时所有大于网孔尺寸的悬浮颗粒都会滞留在滤网上，随着污物的累积，水流过滤网的阻力增加，水头损失相应增大，这时就应对滤网进行手动或自动冲洗，清除污物。筛网过滤器的种类繁多，如果按安装方式分类，有立式与卧式两种；按制造材料分类，有塑料和金属两种；按清洗方式分类又有人工清洗和自动清洗两种类型；按封闭与否分类则有封闭式和开敞式（又称自流式）两种。

筛网过滤器是目前滴灌系统中应用最多的一种过滤设备。在灌溉水质良好时用于主级过滤，当灌溉水质不良时则作为末级保护过滤。

滤网的去污效果主要取决于所用滤网的目数，而网目数的多少要根据所用灌水器的类型及流道的断面大小而定。灌水器的堵塞与否除其本身的原因之外，主要与灌溉水中的污物颗粒形状及粒径大小有直接关系。为防止灌溉水中某些污物产生絮凝形成大的黏团造成堵塞，灌水器孔口或流道断面要比允许的污物颗粒大很多倍，才有利于防止灌水器的堵塞。根据实际经验，一般要求所选用的过滤器滤网孔径大小是所用灌水器流道或孔口尺寸的 1/7~1/10。

筛网过滤器主要用于去除灌溉水中的粉粒、砂和水垢等污物。尽管也用于含少量有机物的灌溉水，但当有机物含量稍高时过滤效果很差。尤其当压力较大时，大量的有机污物会挤过滤网而进入管道，造成系统或灌水器的堵塞。

4. 叠片式过滤器

叠片式过滤器是由一组表面压有很多细小纹路的环状塑料片叠装而成，这些纹路相互咬合形成过流的孔隙。水流经叠片时利用表面凹槽和叠片缝隙来聚集和截取杂物。塑料片凹槽的复合内截面提供了类似于在介质过滤器中产生的三维过滤，因此过滤效果较好。

过滤器运行的时候，叠片被压在一起以控制过水孔口的大小，根据水源的水质情况，可以通过改变作用于叠片上的压力来调节塑料片之间的缝隙，从而达到需要的过滤效果；冲洗的时候，改变水流方向，压力下降，叠片被分开变得松散，可以很方便地清除污物。叠片式过滤器的特点是过流能力大、结构简单、维护方便，且小巧、可任意组装，运行可靠。

5. 过滤设备的选择

各种过滤器都有其特定的使用条件，为了选择一定条件下最适宜的过滤系统，首先必须确定水源的水质，然后根据灌水器的类型确定对过滤器的要求。灌溉水中所含污物的性质、含量高低、固体颗粒的粒径、灌水器流道尺寸等都是影响过滤器选择的因素。

一般情况下在首部安装两级过滤器。第一级过滤器去除大部分大颗粒杂质以减轻第二级过滤器的负担，以免第二级过滤器冲洗过于频繁，只有在水源水质很差时，也可考虑设三级过滤器，以保证进入管道系统的水质。不少系统还在支管或轮灌片前面安装保护性过滤器，以防万一首部过滤器因事故失效，泥沙进入管道，造成系统堵塞。

系统首部过滤器的容量应该超过滴灌系统总容量的 20％。为了便于冲洗而又不在冲洗时中断供水，最好有两个以上同样大小的过滤器并联运行。

应该注意的是，当水中有机、无机污物兼有，又随季节变化，加之各种因素之间的相互影响，选择过滤器要以最坏的水质条件为依据，以确保安全。

（三）施肥、施药装置

微灌系统向压力管道中注入可溶性肥料或农药溶液的设备及装置称为施肥装置。常用的施肥（药）装置主要包括压差式施肥罐、自压式施肥罐、文丘里注入器以及注射泵等几种。

1. 压差式施肥罐

压差式施肥罐一般由储液罐、进水管、供肥液管、调压阀等组成。其工作原理是因压差式施肥罐是肥料罐（由金属制成，有保护涂层）与滴灌管道并联连接，使进水管口和出水管口之间产生压差，并利用这个压力差使部分灌溉水从进水管进入肥料罐，再从出水管将经过稀释的营养液注入灌溉水中。使用时必须保证肥水不向主管网回流，可使首部枢纽安装在较高处或用一个单向阀（逆止阀或真空破坏阀）。储液罐为承压容器，承受与管道相同的压力。化肥罐应选用耐腐蚀、抗压能力强的塑料或金属材料制造。对封闭式化肥罐还要求具有良好的密封性能，罐内容积应根据微灌系统控制面积大小（或轮灌区面积大小）及单位面积施肥量和化肥溶液浓度等因素确定。

压差式施肥罐的优点是加工制造简单，造价较低，不需要外加动力设备。缺点是溶液浓度变化大，无法控制。罐体容积有限，添加液剂次数频繁且较麻烦。输水管道因设有调压阀而造成一定的水头损失。储液罐中的液体不断被水稀释，输出液体浓度不断下降，从而造成其与水的混合比不易控制，虽可通过内置橡胶囊的方法将储液罐中原液与水隔离，保持储液罐输出液体浓度不变，但橡胶囊易损害，维护成本高。另外，即使使用了橡胶囊，由于各阀门开度与储液罐的流出量之间所存在的复杂关系，混合比的调节仍有一定的难度。

2. 自压式施肥罐

自压式施肥罐应用于自压灌溉系统中，使用储液箱（池）可以很方便地对作物进行施肥施药。把储液箱（池）置于自压灌溉水源正常水位下部适当的位置上，再将储液箱供水管（及阀门）与水源相连接，将输液管及阀门与主管道连接，打开储液箱供水阀，水进入储液箱将肥料溶解。关闭供水管阀门，打开储液罐输液阀，储液箱中的肥料就自动地随水流输送到灌溉管道和灌水器中，对作物施肥施药。

3. 文丘里注入器

文丘里注入器与储液箱配套组成一套施肥装置，则利用文丘里管或射流器产生的局部负压，将肥料原液或 pH 值调节液吸入灌溉水管中，其构造简单、造价低廉、使用方便，主要适用于小型灌溉系统向管道中注入肥料或农药。

如果文丘里注入器直接装在骨干管道上，水头损失较大，但可以将其与主管道并联安装。

4. 注射泵

注射泵同文丘里注入器相同之处是将开敞式肥料罐的肥料溶液注入滴灌系统中，根据驱动水泵的动力来源可分为水驱动和机械驱动两种形式。该装置的优点是肥液浓度稳定不变，施肥质量好，效率高。对于要求实现灌溉液 EC、pH 值实时自动控制的施肥灌溉系统，压差式与吸入式都是不适宜的。而注入式，通过控制肥料原液或 pH 值调节液的流量与灌溉水的流量之比值，即可严格控制混合比。采用该方式时，可用具有防腐蚀功能的隔膜泵作为肥料原液或 pH 值调节液的注入泵。但其吸入量不但不易调节且调节范围有限，另外还存在工作稳定性较差、系统压力损失较大等缺点。

5. 活塞式施肥器

活塞式施肥器是目前国际上较先进的一种，将进出水口串联在供水管路中，当水流通过施肥器时，驱动主活塞，与之相联的注入器跟随上下运动，从而吸入肥液并注入混合室，混合液直接进入出口端管路中。

这种施肥器的优点：注入比例由外部调整并很精确，有多种规格选用，混合液直接经出水口注出，内设滤网自行过滤，工作压力低，运转噪声小。缺点：压损大、价格高。

（四）控制、量测与保护装置

与喷灌系统一样，为了控制微灌系统或确保系统正常运行，系统必须安装必要的控制、量测与保护装置，如阀门、流量和压力调节器、流量表或水表、压力表、安全阀、进排气阀等。

1. 进排气阀

进排气阀能够自动排气和进气，压力水来时又能自动关闭。在微灌系统中主要安装在管网中最高位置和局部局地。

2. 流量与压力调节装置

通过自动改变过水断面的大小来调节管道中的流量和压力，使之保持稳定。

3. 量测装置

用于检测微灌系统的运行状况，主要包括量测管道水压的压力表和计量管道过水总量的水表。

三、小管出流灌和渗灌技术

（一）小管出流灌技术

1. 小管出流灌溉及其特点

小管出流灌溉是用塑料小管与插进毛管管壁的接头连接，把来自输配水管网的有压水以细流（或射流）形式灌溉到作物根部的地表，再以积水入渗的形式渗到作物根区土壤的一种灌水形式。它具有以下特点：

（1）堵塞问题小，水质净化处理简单。过滤器只需要 60～80 目/in 即可，冲洗次数少，管理简单。

（2）省水效果好，比地面灌省水 60％以上。

（3）灌溉水为射流状出流，地面有水层，需要相应的田间配套工程使水流集中于作物主要根区部位。

（4）浇地效率高，劳动强度小，一个劳力 2h 可浇 15 亩地 450 棵树，每棵树浇100kg 水。

（5）管理方便、运转费用低，由于管网全部埋于地下，小管也随之埋于地下，只露出10～15cm 的出水口，做好越冬的保护，全部设备不会受自然力和人为的破坏，维修费少。加之小管出流灌溉的工作水头较低、耗电量少，运行费用低。

2. 小管出流灌溉系统的组成

小管出流灌溉系统由水源工程、首部枢纽、输配水管网和小管灌水器以及各种形式的田间工程组成。水源、首部和输配水管网与滴灌、施肥装置、量测设备和干、支、毛各级竹道。灌水器采用内径 d 为 3mm、4mm、6mm 的 PE 塑料管及管件组成，呈射流状出流，为使水流集中于作物主要根区部位，需要相应的田间配套工程，其形式有绕树环沟、存水数盘、顺流格沟和麦秸覆盖等形式。全部管网埋于地下（耕作层以下），小管也随之埋于地下只露出 10～15cm 的出水口，位置在树冠半径 2/3 之处。

3. 小管出流灌溉系统的布置

小管出流灌溉系统的水源工程、首部枢纽和系统管网的布置与滴灌相同，可参阅滴灌部分的有关内容。

小管出流灌溉的毛管和灌水器的布置应根据作物的行距和株距的大小而定。较窄行距作物毛管采用双向灌水的形式布置，较宽行距的毛管可采用单向灌水形式布置。株距窄的作物一根小管可灌两株或多株，株距宽的一根小管可灌一株。

4. 小管出流系统的工作压力和流量的要求

小管出流系统的工作压力，应能保证灌水小区的各小管都能正常出水。小区内一条支管所控制的灌水小管的最大工作水头与最小工作水头的差值，不超过小管设计工作水头的20%。系统的供水量应能满足各灌水小区正常灌水的出流量。小区内小管的最大出流量与最小出流量的差值不超过其设计出流量的10%。

5. 小管出流灌溉系统需用的器材及其选用

小管出流灌溉的小管有内径 d 为 3mm、4mm、6mm 的 PE 塑料管，其长度可由设计出流量、工作水头等确定。

小管出流灌溉系统其他器材的选用与滴灌相同，可参阅滴灌部分的有关内容。

利用安装在小管出流灌溉系统首部的施肥装置，可进行施肥或施农药。施肥装置可以是压差式施肥罐、开敞式肥料罐、自压施肥装置、文丘里注入器等。这些装置的使用方法可参考滴灌系统的说明。

（二）渗灌技术

渗灌是继喷灌和滴灌之后的又一新型节水灌溉技术，在低压条件下，灌溉水通过渗管管壁上的微孔由内向外呈发汗状渗出，随即通过管壁周围土壤颗粒的吸水作用向土体扩散，给作物根层供水。其特点：

（1）节水、节能。由于渗灌管是埋入地下直接向作物根区供水，地表蒸发极少，且可避免深层渗漏，渗灌比喷灌节水 40%，比地面灌溉节水 50%~80%。渗灌系统需要压力低，节能效果明显，渗灌能耗相当于畦灌的 20%~30%、喷灌的 15%~40%。

（2）渗水灌溉的地块土壤团粒好，土壤不板结，并可严格按照作物生长发育规律控制灌水及配置空气和施用肥料。

（3）温室蔬菜采用渗灌，可提高地温，室内相对湿度大幅度降低，减少病虫害，从而提高蔬菜产量和品质。

第三节　作物水肥一体化技术

水肥一体化技术是世界上公认的提高水肥资源利用率的最佳技术。

一、水肥一体化技术特点

水肥一体化技术也称为灌溉施肥技术，是借助压力系统（或地形自然落差），根据土壤养分含量和作物种类的需肥规律及特点，将可溶性固体或液体肥料配制成的肥液，与灌溉水一起，通过可控管道系统均匀、准确地输送到作物根部土壤，浸润作物根系发育生长区域，使主根根系土壤始终保持疏松和适宜的含水量。通俗地讲，就是将肥料溶于灌溉水中，通过管道在浇水的同时施肥，将水和肥料均匀、准确地输送到作物根部土壤。

（一）水肥一体化技术优点

水肥一体化技术与传统地面灌溉和施肥方法相比，具有以下优点：

1. 节水效果明显

水肥一体化技术可减少水分的下渗和蒸发，提高水分利用率。在露天条件下，微灌施肥与大水漫灌相比，节水率达 50％左右。保护地栽培条件下，滴灌与畦灌相比，每亩大棚一季节水 80~120m³，节水率为 30％~40％。

2. 节肥增产效果显著

水肥一体化技术具有施肥简便、施肥均匀、供肥及时、作物易于吸收、提高肥料利用率等优点。据调查，常规施肥的肥料利用率只有 30％~40％，滴灌施肥的肥料利用率达 80％以上。在作物产量相近或相同的情况下，水肥一体化技术与常规施肥技术相比可节省化肥 30％~50％，并增产 10％以上。

3. 减轻病虫草害发生

水肥一体化技术可有效地减少灌水量和水分蒸发，提高土壤养分有效性，促进根系对营养的吸收贮备，还可降低土壤湿度和空气湿度，抑制病菌、害虫的产生、繁殖和传播，并抑制杂草生长。因此，水肥一体化技术也可减少农药的投入和防治病虫草害的劳力投入，与常规施肥相比，利用水肥一体化技术每亩农药用量可减少 15％~30％。

4. 降低生产成本

水肥一体化技术是管网供水，操作方便，便于自动控制，减少了人工开沟、撒肥等过程，因而可明显节省施肥劳力；灌溉是局部灌溉，大部分地表保持干燥，减少了杂草的生长，也就减少了用于除草的劳动力；由于水肥一体化可减少病虫害的发生，可以减少用于防治病虫害、喷药等劳动力；水肥一体化技术实现了种地无沟、无渠、无埂，大大减轻了水利建设的工程量。

5. 改善作物品质

水肥一体化技术适时、适量地供给作物不同生育期生长所需的养分和水分，明显改善作物的生长环境条件，因此，可促进作物增产，提高农产品的外观品质和营养品质；应用水肥一体化技术种植的作物，具有生长整齐一致、定植后生长恢复快、提早收获、收获期长、丰产优质、对环境气象变化适应性强等优点；通过水肥的控制可以根据市场需求提早供应市场或延长供应市场。

6. 便于农作管理

水肥一体化技术只湿润作物根区，其行间空地保持干燥，因而灌溉的同时，也可以进行其他农事活动，减少了灌溉与其他农作的相互影响。

7. 改善土壤微生态环境

采用水肥一体化技术除了可明显降低大棚内空气湿度和棚内温度外，还可以增强微生物活性。滴灌施肥与常规畦灌施肥相比，地温可提高2.7℃。有利于增强土壤微生物活性，促进作物对养分的吸收；有利于改善土壤物理性质，滴灌施肥克服了因灌溉造成的土壤板结问题，土壤容重降低，孔隙度增加，有效地调控土壤根系的水渍化、盐渍化、土传病害等障碍。水肥一体化技术可严格控制灌溉用水量、化肥施用量、施肥时间，不破坏土壤结构，防止化肥和农药淋洗到深层土壤，造成土壤和地下水的污染，同时可将硝酸盐产生的农业面源污染降到最低程度。

8. 便于精确施肥和标准化栽培

水肥一体化技术可根据作物营养规律有针对性地施肥，做到缺什么补什么，实现精确施肥；可以根据灌溉的流量和时间，准确计算单位面积所用的肥料数量。微量元素通常应用螯合态，价格昂贵，而通过水肥一体化可以做到精确供应，提高肥料利用率，降低微量元素肥料施用成本。水肥一体化技术的采用有利于实现标准化栽培，是现代农业中的一项重要技术措施。在一些地区的作物标准化栽培手册中，已将水肥一体化技术作为标准措施推广应用。

9. 适应恶劣环境和多种作物

采用水肥一体化技术可以使作物在恶劣土壤环境下正常生长。如沙丘或沙地，因持水能力差，水分基本没有横向扩散，传统的灌水容易深层渗漏，作物难以生长。采用水肥一体化技术，可以保证作物在这些条件下正常生长。此外，利用水肥一体化技术可以在土层薄、贫瘠、含有惰性介质的土壤上种植作物并获得最大的增产潜力，能够有效地利用开发丘陵地、山地、沙地、轻度盐碱地等边缘土地。

（二）水肥一体化技术缺点

水肥一体化技术是一项新兴技术，而且我国土地类型多样化，各地农业生产发展水平、土壤结构及养分间有很大的差别，用于灌溉施肥的化肥种类参差不一，因此，水肥一体化技术在实施过程中还存在如下诸多缺点：

1. 易引起堵塞，系统运行成本高

灌水器的堵塞是当前水肥一体化技术应用中最主要的问题，也是目前必须解决的关键问题。引起堵塞的原因有化学因素、物理因素，有时生物因素也会引起堵塞。因此，灌溉时水质要求较严，一般均应经过过滤，必要时还须经过沉淀和化学处理。

2. 引起盐分积累，污染水源

当在含盐量高的土壤上进行滴灌或是利用咸水灌溉时，盐分会积累在湿润区的边缘而引起盐害。施肥设备与供水管道连通后，若发生特殊情况，如事故、停电等，系统内会出现回流现象，这时肥液可能被带到水源处。另外，当饮用水与灌溉水用同一主管网时，如无适当措施，肥液可能进入饮用水管道，造成对水源污染。

3. 限制根系发展，降低作物抵御风灾能力

由于灌溉施肥技术只湿润部分土壤，加之作物的根系有向水性，对于高大木本作物来说，少灌、勤灌的灌水方式会导致其根系分布变浅，在风力较大的地区可能产生拔根危害。

4. 工程造价高，维护成本高

根据测算，大田采用水肥一体化技术每亩投资在 400～1500 元，而温室的投资比大田更高。

二、水肥一体化技术系统组成

水肥一体化技术系统主要有微灌系统和喷灌系统。这里以常用的微灌为例。

微灌就是利用专门的灌水设备（滴头、微喷头、渗灌管和微管等），将有压水流变成细小的水流或水滴，湿润作物根部附近土壤的灌水方法。因其灌水器的流量小而被称为微灌，主要包括滴灌、微喷灌、脉冲微喷灌、渗灌等。目前，生产实践中应用广泛且具有比较完整理论体系的主要是滴灌和微喷灌技术。微灌系统主要由水源工程、首部枢纽工程、输水管网、灌水器四部分组成。

（一）水源工程

在生产中可能的水源有河流水、湖泊、水库水、塘堰水、沟渠水、泉水、井水、水窖水等，只要水质符合要求，均可作为微灌的水源，但这些水源经常不能被微灌工程直接利用，或流量不能满足微灌用水量要求，此时需要根据具体情况修建一些相应的引水、蓄水或提水工程，统称为水源工程。

（二）首部枢纽工程

首部枢纽是整个微灌系统的驱动、检测和控制中枢，主要由水泵及动力机、过滤器等水质净化设备、施肥装置、控制阀门、进排气阀、压力表、流量计等设备组成。其作用是从水源中取水经加压过滤后输送到输水管网中去，并通过压力表、流量计等设备监测系统运行情况。

（三）输配水管网

输配水管网的作用是将首部枢纽处理过的水按照要求输送分配到每个灌水单元和灌水器。包括干、支管和毛管三级管道。毛管是微灌系统末级管道，其上安装或连接灌水器。

（四）灌水器

灌水器是微灌系统中最关键的部件，是直接向作物灌水的设备，其作用是消减压力，将水流变为水滴、细流或喷洒状施入土壤，主要有滴头、滴灌带、微喷头、渗灌滴头、渗灌管等。微灌系统的灌水器大多数用塑料注塑成型。

三、水肥一体化技术主要设备

一套水肥一体化技术设备包括首部枢纽、输配水管网和灌水器三部分。

（一）首部枢纽

首部枢纽的作用是从水源取水、增压，并将其处理成符合灌溉施肥要求的水流输送到田间系统中去，包括加压设备（水泵、动力机）、过滤设备、施肥设备、控制与测量设备等。

1. 加压设备

加压设备的作用是满足灌溉施肥系统对管网水流的工作压力和流量要求。加压设备包括水泵及向水泵提供能量的动力机。水泵主要有离心泵、潜水泵等。在有足够自然水头的地方可以不安装加压设备，利用重力进行灌溉。

2. 过滤设备

过滤设备的作用是将灌溉水中的固体颗粒（砂石、肥料沉淀物及有机物）滤去，避免污物进入系统造成系统和灌水器堵塞。过滤设备根据所用的材料和过滤方式可分为筛网式过滤器、叠片式过滤器、砂石过滤器、离心分离器、自净式网眼过滤器、沉沙池、拦污栅（网）等。在选择过滤设备时要根据灌溉水源的水质、水中污物的种类、杂质含量，结合各种过滤设备的规格、特点及本身的抗堵塞性能，进行合理的选取。

3. 施肥设备

水肥一体化技术中常用到的施肥设备及方法主要有：压差施肥罐、文丘里施肥器、泵吸肥法、泵注肥法、自压重力施肥法、施肥机等。

4. 控制和量测设备

为了确保灌溉施肥系统正常运行，首部枢纽中还必须安装控制装置、保护装置、量测装置，如进排气阀、逆止阀、压力表和水表等。

（二）输配水管网

水肥一体化技术中输配水管网包括干管、支管和毛管，由各种管件、连接件和压力调节器等组成，其作用是向田间和作物输水肥和配水肥。这里以微灌为例。

1. 管件

微灌用管道系统分为输配干管、田间支管和连接支管与灌水器的毛管，微灌用毛管多为聚乙烯管，其规格有 12、16、20、25、32、40、50、63mm 等，其中，12、16mm 主要作为滴灌管用。连接方式有内插式、螺纹连接式和螺纹锁紧式三种，内插式用于连接内径标准的管道，螺纹锁紧式用于连接外径标准的管道，螺纹连接式用于 PE 管道与其他材质管道的连接。微灌用的管件主要有直通、三通、旁通、管堵、胶垫。

2. 灌水器

微灌系统的灌水器根据结构和出流形式不同主要有滴头、滴灌管、滴灌带、微喷头、涌水器、渗灌管六类。

（1）滴头

滴头的分类方法很多，按滴头的消能方式分类，则可分为长流道型滴头、孔口型滴头、涡流型滴头、压力补偿型滴头。

（2）滴灌管

滴灌管是在制造过程中将滴头与毛管一次成型为一个整体的灌水装置，它兼具输水和滴水两种功能。按出水方式分为：压力补偿式滴灌管和非压力补偿式滴灌管；按结构可分为：内镶式滴灌管和管间式滴灌管。

管式滴灌管又分为紊流迷宫式滴灌管、压力补偿型滴灌管、内镶薄壁式滴灌管和短道迷宫式滴灌管。

（3）薄壁滴灌带

国内使用的薄壁滴灌带有两种：一种是在 0.2～1.0mm 厚的薄壁软管上按一定间距打孔，灌溉水由孔口喷出湿润土壤；另一种是在薄壁管的一侧热合出各种形状的流道，灌溉水通过流道以水滴的形式湿润土壤，称为单翼迷宫式滴灌管。

（4）微喷头

微喷头是将压力水流以细小水滴喷洒在土壤表面的灌水器。微喷头按其结构和工作原理可以分为自由射流式、离心式、折射式和缝隙式四类。其中，折射式、缝隙式、离心式微喷头没有旋转部件，属于固定式喷头；射流式喷头具有旋转或运动部件，属于旋转式微喷头。

四、水肥一体化系统操作

水肥一体化系统操作包括运行前的准备、灌溉操作、施肥操作和结束运行前的操作等工作。

（一）运行前的准备

运行前的准备工作主要是检查系统是否按设计要求安装到位，检查系统主要设备和仪表是否正常，对损坏或漏水的管段及配件进行修复。

1. 检查水泵与电机

检查水泵与电机所标示的电压、频率与电源电压是否相符，检查电机外壳接地是否可靠，检查电机是否漏油。

2. 检查过滤器

检查过滤器安装位置是否符合设计要求、是否有损坏、是否需要冲洗。介质过滤器在首次使用前，首先在罐内注满水并放入一包氯球，搁置 30min 后按正常使用方法反冲一次。此次反冲可预先搅拌介质，使其颗粒松散，接触面展开。然后充分清洗过滤器的所有部件，紧固所有螺丝。离心式过滤器冲洗时先打开压盖，将沙子取出冲净即可。网式过滤器手工清洗时，扳动手柄，放松螺杆，打开压盖，取出滤网，用软刷子刷洗筛网上的污物并用清水冲洗干净。叠片过滤器要检查和更换变形叠片。

3. 检查肥料罐或注肥泵

检查肥料罐或注肥泵的零部件以及与系统的连接是否正确，清除罐体内的积存污物以防进入管道系统。

4. 检查其他部件

检查所有的末端竖管，是否有折损或堵头丢失。前者取相同零件修理，后者补充堵头。检查所有阀门与压力调节器是否启闭自如，检查管网系统及其连接微管，如有缺损应及时修补。检查进排气阀是否完好，并打开。关闭主支管道上的排水底阀。

5. 检查电控柜

检查电控柜的安装位置是否得当。电控柜应防止阳光照射，并单独安装在隔离单元，要保持电控柜房间的干燥。检查电控柜的接线和保险是否符合要求、是否有接地保护。

（二）灌溉操作

水肥一体化系统包括单户系统和组合系统。组合系统需要分组轮灌。系统的简繁不同，灌溉作物和土壤条件不同都会影响到灌溉操作。

1. 管道充水试运行

在灌溉季节首次使用时，必须进行管道充水冲洗。充水前应开启排污阀或泄水阀，关闭所有控制阀门，在水泵运行正常后缓慢开启水泵出水管道上的控制阀门，然后从上游至下游逐条冲洗管道，充水中应观察排气装置工作是否正常。管道冲洗后应缓慢关闭泄水阀。

2. 水泵启动

要保证动力机在空载或轻载下启动。启动水泵前，首先关闭总阀门，并打开准备灌水的管道上所有排气阀排气，然后启动水泵向管道内缓慢充水。启动后观察和倾听设备运转是否有异常声音，在确认启动正常的情况下，缓慢开启过滤器及控制田间所需灌溉的轮灌组的田间控制阀门，开始灌溉。

3. 观察压力表和流量表

观察过滤器前后的压力表读数差异是否在规定的范围内，压差读数达到 7m 水柱，说明过滤器内堵塞严重，应停机冲洗。

4. 冲洗管道

新安装的管道（特别是滴灌管）第一次使用时，要先放开管道末端的堵头，充分放水冲洗各级管道系统，把安装过程中集聚的杂质冲洗干净后，封堵末端堵头，然后才能开始使用。

5. 田间巡查

要到田间巡回检查轮灌区的管道接头和管道是否漏水，各个灌水器是否正常。

（三）施肥操作

施肥过程是伴随灌溉同时进行的，施肥操作在灌溉进行 20～30min 后开始，并确保在灌溉结束前 20min 以上的时间内结束，这样可以保证对灌溉系统的冲洗和尽可能地减少化学物质对灌水器的堵塞。施肥操作前要按照施肥方案将肥料准备好，对于溶解性差的肥料可先将肥料溶解在水中。不同的施肥装置在操作细节上有所不同。

（四）轮灌组更替

根据水肥一体化灌溉施肥制度，观察水表水量确定达到要求的灌水量时，更换下一轮灌组地块，注意不要同时打开所有分灌阀。首先打开下一轮灌组的阀门，再关闭第一个轮灌组的阀门，进行下一轮灌组的灌溉，操作步骤按以上重复。

（五）结束灌溉

所有地块灌溉施肥结束后，先关闭灌溉系统水泵开关，然后关闭田间的各开关。对过滤器、施肥罐、管路等设备进行全面检查，达到下一次正常运行的标准。注意冬季灌溉结束后要把田间位于主支管道上的排水阀打开，将管道内的水尽量排净，以避免管道留有积水冻裂管道，此阀门冬季不必关闭。

五、水肥一体化系统的维护保养

要想保持水肥一体化技术系统的正常运行和提高其使用寿命，关键是要正确使用及良好地维护和保养。

（一）水源工程

水源工程建筑物有地下取水、河渠取水、塘库取水等多种形式，保持这些水源工程建筑物的完好，运行可靠，确保设计用水的要求，是水源工程管理的首要任务。

对泵站、蓄水池等工程经常进行维修养护，每年非灌溉季节应进行年修，保持工程完好。对蓄水池沉积的泥沙等污物应定期排除洗刷。开敞式蓄水池的静水中藻类易于繁殖，在灌溉季节应定期向池中投放绿矾，可防止藻类滋生。

灌溉季节结束后，应排除所有管道中的存水，封堵阀门和井。

（二）水泵

运行前检查水泵与电机的联轴器是否同心，间隙是否合适，皮带轮是否对正，其他部件是否正常，转动是否灵活，如有问题应及时排除。

运行中检查各种仪表的读数是否在正常范围内，轴承部位的温度是否太高，水泵和水管各部位有没有漏水和进气情况，吸水管道应保证不漏气，水泵停机前应先停启动器，后拉电闸。

停机后要擦净水渍，防止生锈；定期拆卸检查，全面检修；在灌溉季节结束或冬季使用水泵时，停机后应打开泵壳下的放水塞把水放净，防止锈坏或冻坏水泵。

（三）动力机械

电机在启动前应检查绕组对地的绝缘电阻、铭牌所标电压和频率与电源电压是否相符、接线是否正确、电机外壳接地线是否可靠等。电机运行中工作电流不得超过额定电流，温度不能太高。电机应经常除尘，保持干燥清洁。经常运行的电机每月应进行一次检查，每半年进行一次检修。

（四）管道系统

在每个灌溉季节结束时，要对管道系统进行全系统的高压清洗。在有轮灌组的情况下，要按轮灌组顺序分别打开各支管和主管的末端堵头，开动水泵，使用高压力逐个冲洗轮灌组的各级管道，力争将管道内积攒的污物等冲洗出去。在管道高压清洗结束后，应充分排净水分，把堵头装回。

（五）过滤系统

1. 网式过滤器

运行时要经常检查过滤网，发现损坏时应及时修复。灌溉季节结束后，应取出过滤器中的过滤网，刷洗干净，晾干后备用。

2. 叠片过滤器

打开叠片过滤器的外壳，取出叠片。先把各个叠片组清洗干净，然后用干布将塑壳内的密封圈擦干放回，之后开启底部集砂膛一端的丝堵，将膛中积存物排出，将水放净，最

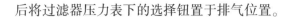

后将过滤器压力表下的选择钮置于排气位置。

3. 砂介质过滤器

灌溉季节结束后，打开过滤器罐的顶盖，检查砂石滤料的数量，并与罐体上的标志相比较，若砂石滤料数量不足应及时补充以免影响过滤质量。若砂石滤料上有悬浮物，要捞出。同时在每个罐内加入一包氯球，放置 30min 后，启动每个罐反冲 2min、2 次，然后打开过滤器罐的盖子和罐体底部的排水阀将水全部排净。单个砂介质过滤器反冲洗时，首先打开冲洗阀的排污阀，并关闭进水阀，水流经冲洗管由集水管进入过滤罐。双过滤器反冲洗时先关闭其中一个过滤罐上的三向阀门，同时打开该罐的反冲洗管进口，由另一过滤罐来的干净水通过集水管进入待冲洗罐内。反冲洗时，要注意控制反冲洗水流速度，使反冲流流速能够使砂床充分翻动，只冲掉罐中被过滤的污物，而不会冲掉过滤的介质。最后，将过滤器压力表下的选择钮置于排气位置。若罐体表面或金属进水管路的金属镀层有损坏，应立即清锈后重新喷涂。

（六）施肥系统

在进行施肥系统维护时，关闭水泵，开启与主管道相连的注肥口和驱动注肥系统的进水口，排除压力。

1. 注肥泵

先用清水洗净注肥泵的肥料罐，打开罐盖晾干，再用清水冲净注肥泵，然后分解注肥泵，取出注肥泵驱动活塞，用随机所带的润滑油涂在部件上，进行正常的润滑保养，最后擦干各部件重新组装好。

2. 施肥罐

首先仔细清洗罐内残液并晾干，然后将罐体上的软管取下并用清水洗净，软管要置于罐体内保存。每年在施肥罐的顶盖及手柄螺纹处涂上防锈液，若罐体表面的金属镀层有损坏，立即清锈后重新喷涂。注意不要丢失各个连接部件。

3. 移动式灌溉施肥机的维护保养

对移动式灌溉施肥机的使用应尽量做到专人管理，管理人员要认真负责，所有操作严格按技术操作规程进行；严禁动力机空转，在系统开启时一定要将吸水泵浸入水中；管理人员要定期检查和维护系统，保持整洁干净，严禁淋雨；定期更换机油（半年），检查或更换火花塞（1 年）；及时人工清洗过滤器滤芯，严禁在有压力的情况下打开过滤器；耕翻土地时需要移动地面管，应轻拿轻放，不要用力拽管。

（七）田间设备

1. 排水底阀

在冬季来临前，为防止冬季将管道冻坏，把田间位于主支管道上的排水底阀打开，将管道内的水尽量排净，此阀门冬季不关闭。

2. 田间阀门

将各阀门的手动开关置于打开的位置。

3. 滴灌管

在田间将各条滴灌管拉直，勿使其扭折。若冬季回收也要注意勿使其扭曲放置。

（八）预防滴灌系统堵塞

1. 灌溉水和水肥溶液先经过过滤或沉淀

在灌溉水或水肥溶液进入灌溉系统前，先经过一道过滤器或沉淀池，然后经过滤器后才进入输水管道。

2. 适当提高输水能力

根据试验，水的流量在 4~8L/h 范围内，堵塞随流量增大而减到很小。但考虑流量越大，费用越高的因素，则最优流量约为 4L/h。

3. 定期冲洗滴灌管

滴管系统使用 5 次后，要放开滴灌管末端堵头进行冲洗，把使用过程中积聚在管内的杂质冲洗出滴灌系统。

4. 事先测定水质

在确定使用滴灌系统前，最好先测定水质。如果水中含有较多的铁、硫化氢、丹宁，则不适合滴灌。

5. 使用完全溶于水的肥料

只有完全溶于水的肥料才能进行滴灌施肥。不要通过滴灌系统施用一般的磷肥，磷会在灌溉水中与钙反应形成沉淀，堵塞滴头。最好不要混合几种不同的肥料，避免发生相关的化学作用而产生沉淀。

（九）细小部件的维护

水肥一体化系统是一套精密的灌溉装置，许多部件为塑料制品，在使用过程中要注意各步操作的密切配合，不可猛力拧动各个旋钮和开关。在打开各个容器时，注意一些小部件要依原样安回，不要丢失。

水肥一体化系统的使用寿命与系统保养水平有直接关系，保养越好，使用寿命越长，效益越持久。

六、水肥一体化技术灌溉制度的制定

（一）收集资料

首先要收集当地气象资料，包括常年降水量、降水月分布、气温变化、有效积温；其次要收集主要作物种植资料，包括播种期、需水特性、需水关键期、根系发育特点、种植密度、常年产量水平等；最后要收集土壤资料，包括土壤质地、田间持水量等。

（二）确定灌溉定额

灌溉的目的是补充降水量的不足，因此，从理论上讲，微灌灌溉定额是作物全生育期的需水量与降水量的差值。

灌溉定额是总体上的灌水量控制指标。但在实际生产中，降水量不仅在数量上要满足作物生长发育的需求，还需要在时间上与作物需水关键期吻合，才能充分利用自然降水，因此，还需要根据灌水次数和每次灌水量，对灌溉定额进行调整。

（三）确定灌水定额

灌水定额是指一次单位面积上的灌水量，通常以米^3/亩或毫米表示。灌水定额主要依据土壤的存贮水能力，一般土壤存贮水量的能力顺序为：黏土>壤土>沙土。以每次灌水达到田间持水量的90％计算，黏土的灌水定额最大，依次是壤土、沙土。灌水定额计算时需要土壤湿润比、计划湿润深度、土壤容重、灌溉上限与灌溉下限的差值和灌溉水利用系数等参数。

（四）确定一次灌水延续时间

一次灌水延续时间是指完成一次灌水定额时所需要的时间，也间接地反映了微灌设备的工作时间。在每次灌水定额确定之后，灌水器的间距、毛管的间距和灌水器的出水量都直接影响灌水延续时间。

（五）确定灌水次数

当灌溉定额和灌水定额确定之后，就可以很容易地确定灌水次数。

用公式表示为：

$$灌水次数 = 灌溉定额 / 灌水定额$$

采用微灌时，作物全生育期（或全年）的灌水次数比传统地面灌溉的次数多，并且随作物种类和水源条件等不同而不同。在露地栽培条件下，降水量和降水分布直接影响灌水次数。应根据墒情监测结果确定灌水的时间和次数。在设施栽培中进行微灌技术应用时，可以根据作物生育期分别确定灌水次数，累计得出作物全生育期或全年的灌水次数。

（六）确定灌溉制度

根据上述各项参数的计算，可以最终确定在当地气候、土壤等自然条件下，某种作物的灌水次数、灌水日期和灌水定额及灌溉定额，使作物的灌溉管理用制度化的方法确定下来。由于灌溉制度是以正常年份的降水量为依据的，在实际生产中，灌水次数、灌水日期和灌水定额需要根据当年的降水和作物生长情况进行调整。

七、水肥一体化技术的肥料选择与施用

（一）水肥一体化技术的常用肥料

水肥一体化技术对设备、肥料以及管理方式有着较高的要求。由于滴灌灌水器的流道细小或狭长，所以，一般只能用水溶性固态肥料或液态肥，以防流道堵塞。而喷灌喷头的流道较大，且喷灌的喷水有如降雨一样，可以喷洒叶面肥，因此，喷灌施肥对肥料的要求相对要低一点。

1. 氮肥

尿素是最常用的氮肥，纯净，极易溶于水，在水中完全溶解，没有任何残余。尿素进入土壤后 3~5d，经水解、氨化和硝化作用，转变为硝酸盐，供作物吸收利用。

2. 磷肥

磷酸非常适合水肥一体化技术，通过滴注器或微型灌溉系统灌溉施肥时，建议使用酸性磷酸。

3. 钾肥

氯化钾、硫酸钾、硝酸钾最为常用。

4. 中微量元素

中微量元素肥料中，绝大部分溶解性好、杂质少。钙肥常用的有硝酸钙、硝酸铵钙。

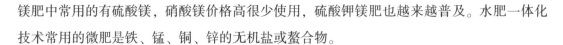

镁肥中常用的有硫酸镁，硝酸镁价格高很少使用，硫酸钾镁肥也越来越普及。水肥一体化技术常用的微肥是铁、锰、铜、锌的无机盐或螯合物。

5. 有机肥料

有机肥要用于水肥一体化技术，主要解决两个问题：一是有机肥必须液体化；二是要经过多级过滤。一般易沤腐、残渣少的有机肥都适合于水肥一体化技术；含纤维素、木质素多的有机肥不宜用于水肥一体化技术，如秸秆类。有些有机物料本身就是液体的，如酒精厂、味精厂的废液。但有些有机肥沤后含残渣太多不宜做滴灌肥料（如花生麸）。沤腐液体应用于滴灌更加方便。只要肥液不存在导致微灌系统堵塞的颗粒，均可直接使用。

6. 水溶性复混肥

水溶性肥料是近几年兴起的一种新型肥料，是指经水溶解或稀释，用于灌溉施肥、无土栽培、浸种蘸根等用途的液体肥料或固体肥料。根据其组分不同，可以分为大量元素水溶肥料、微量元素水溶肥料、中量元素水溶肥料、含氨基酸水溶肥料、含腐殖酸水溶肥料。在这五类肥料中，大量水溶肥料既能满足作物多种养分需求，又适合水肥一体化技术，是未来发展的主要类型。除上述有标准要求的水溶肥料外，还有一些新型水溶肥料，如糖醇螯合水溶肥料、含海藻酸型水溶肥料、木醋液（或竹醋液）水溶肥料、稀土型水溶肥料、有益元素类水溶肥料等也可用于水肥一体化技术。

含氮、磷、钾养分大于50％及微量元素大于2％的固体水溶复混肥是目前市场上供应较多的品种。配方多，品牌多。

（二）施肥方案制订

施肥方案必须明确施肥量、肥料种类、肥料的使用时期。施肥量的确定要受到植物产量水平、土壤供肥量、肥料利用率、当地气候、土壤条件及栽培技术等综合因素的影响。确定施肥量的方法有很多，如养分平衡法、田间试验法等。

参考文献

[1] 王立河，郭国侠．农作物生产技术 [M]．第 2 版．北京：高等教育出版社，2023.

[2] 魏然杰，古宁宁，余复海．农作物栽培与配方施肥技术研究 [M]．长春：吉林科学技术出版社，2023.

[3] 黄新杰，石瑞，阚宝忠．种植基础与农作物生产技术 [M]．长春：吉林科学技术出版社，2023.

[4] 肖晓华．农作物病虫害绿色防控实践与探索 [M]．北京：中国农业科学技术出版社，2023.

[5] 高丁石．农作物高效间套作实用技术与种植模式图解 [M]．北京：中国农业出版社，2023.

[6] 张玉聚．中国农作物蔬菜果树植保全书中国植保图鉴 [M]．北京：中国农业出版社，2023.

[7] 张文强，郑振宇，张存库．乡村振兴农民教育培训系列教材农作物病虫害绿色防控新技术 [M]．北京：中国农业科学技术出版社，2023.

[8] 张明龙，张琼妮．农作物栽培领域研究的新进展 [M]．北京：知识产权出版社，2022.

[9] 马占飞，孔宪萍，邓学福．农作物高产理论与种植技术研究 [M]．长春：吉林科学技术出版社，2022.

[10] 胡宏祥．农作物秸秆综合利用技术 [M]．合肥：安徽科学技术出版社，2022.

[11] 马新明，郭国侠．农作物生产技术北方本 [M]．第 2 版．北京：高等教育出版社，2022.

[12] 上官欣欣．农作物病虫害防治技术研究 [M]．北京：科学技术文献出版社，2022.

[13] 朱景全，朱晓明．农作物病虫害绿色防控技术丛书农作物害虫光源诱控技术 [M]．北京：中国农业出版社，2022.

[14] 陈阜，褚庆全，王小慧．近 30 年我国主要农作物生产空间格局演变 [M]．北京：

中国农业大学出版社，2021.

[15] 王长海，李霞，毕玉根．农作物实用栽培技术［M］．北京：中国农业科学技术出版社，2021.

[16] 刘俊萍，郑珍，王新坤．节水灌溉理论与技术［M］．镇江：江苏大学出版社，2021.

[17] 徐富贤，熊洪．杂交水稻氮高效品种的鉴评方法与节肥栽培［M］．北京：中国农业科学技术出版社，2021.

[18] 罗玉峰，陈梦婷，沈莹莹．短期作物需水量预报方法与应用［M］．北京：中国水利水电出版社，2020.

[19] 王振华，何新林，李文昊．新疆特色林果滴灌节水关键技术研究［M］．北京：中国水利水电出版社，2020.

[20] 姚宝林，李林，李志刚．节水灌溉新技术规划与设计［M］．北京：中国建材工业出版社，2020.

[21] 沈硕．农作物有害生物防治技术研究与应用［M］．银川：宁夏人民出版社，2020.

[22] 樊景胜．农作物育种与栽培［M］．沈阳：辽宁大学出版社，2020.

[23] 鲁传涛，任应党，李国平．农作物病虫诊断与防治彩色图解［M］．北京：中国农业科学技术出版社，2020.

[24] 王迪著，刘长安．极化 SAR 农作物分类研究［M］．北京：中国农业科学技术出版社，2020.

[25] 杜森，徐晶莹，钟永红，等．主要农作物肥料配方制定与推广［M］．北京：中国农业出版社，2020.

[26] 郭东坡，吴玉川，王立春．农作物病虫害防治图谱［M］．北京：中国农业科学技术出版社，2020.

[27] 游彩霞．农作物病虫害绿色防治技术［M］．北京：中国农业出版社，2020.

[28] 卜祥，姜河，赵明远．农作物保护性耕作与高产栽培新技术［M］．北京：中国农业科学技术出版社，2020.

[29] 姚寿福，贾舒，吴玉菡．中国农作物空间演变与区域专业化发展研究［M］．成都：西南财经大学出版社，2020.

[30] 赵经华，马英杰，杨磊．干旱牧区农作物水氮高效利用及灌溉制度研究［M］．北京：中国水利水电出版社，2020.

[31] 张立，李涛．作物病虫害防治技术［M］．长沙：湖南科学技术出版社，2020.

［32］ 缑国华，刘效朋，杨仁仙．粮食作物栽培技术与病虫害防治［M］．银川：宁夏人民出版社，2020.

［33］ 贾小红．农业生态节肥［M］．北京：中国农业出版社，2019.

［34］ 汤文光，王学华．水稻丰产节水节肥技术研究与应用［M］．北京：中国农业科学技术出版社，2019.

［35］ 张俊华．农作物病害防治技术［M］．哈尔滨：黑龙江教育出版社，2019.

［36］ 李巧云．浮尘的发生、分布对农作物的危害［M］．兰州：兰州大学出版社，2019.

［37］ 朱宪良．主要农作物生产全程机械化技术［M］．青岛：中国海洋大学出版社，2019.

［38］ 田福忠，郭海滨，高应敏．农作物栽培［M］．北京：北京工业大学出版社，2019.

［39］ 王其享．农作物花之境界［M］．北京：中国农业科学技术出版社，2019.

［40］ 吕建秋，田兴国．农作物生产管理关键技术问答［M］．北京：中国农业科学技术出版社，2019.

［41］ 熊波，张莉．农作物秸秆综合利用技术及设备［M］．北京：中国农业科学技术出版社，2019.

［42］ 范振岐．农作物生长建模与可视化［M］．西安：西北工业大学出版社，2019.

［43］ 黄健．农作物病虫害识别与防治［M］．北京：气象出版社，2019.

［44］ 姚光宝．常见农作物病虫害诊断与防治彩色图鉴［M］．北京：中国农业科学技术出版社，2019.